广西家畜品种资源保护与利用

吴柱月　孙俊丽　廖玉英　主编

中国农业科学技术出版社

图书在版编目（CIP）数据

广西家畜品种资源保护与利用 / 吴柱月，孙俊丽，廖玉英主编 .
— 北京 ：中国农业科学技术出版社，2020.9

ISBN 978 - 7 - 5116 - 4992 - 8

Ⅰ．①广… Ⅱ．①吴… ②孙… ③廖… Ⅲ．①家畜－品种资源－资源
保护－广西②家畜－品种资源－资源利用－广西 Ⅳ．① S813.9

中国版本图书馆 CIP 数据核字（2020）第 167156 号

责任编辑　朱　绯
责任校对　贾海霞

出 版 者　中国农业科学技术出版社
　　　　　北京市中关村南大街 12 号　邮编：100081
电　　话　(010) 82106626 （编辑室）
　　　　　(010) 82109707 （发行部）
　　　　　(010) 82106629 （读者服务部）
传　　真　(010) 82106626
网　　址　http://www.castp.cn
经 销 者　各地新华书店
印 刷 者　北京建宏印刷有限公司
开　　本　710mm×1 000mm　1/16
印　　张　11
字　　数　180 千字
版　　次　2020 年 9 月第 1 版　2020 年 9 月第 1 次印刷
定　　价　68.00 元

编 委 会

    2017 年 9 月广西重大专项"广西畜禽种质资源的收集、评价与鉴定"项目获批。项目组全面开展了广西家畜地方品种、广西引进培育品种等的种质资源的收集、评价与鉴定。采集了目前广西主要家畜的基因样本、体型外貌、部分屠宰性能等数据。在项目实施过程中发现广西各家畜品种保护研究程度不一，有部分珍贵的地方品种仍然在消失的边缘徘徊，亟需加强相关保护、研究和利用。

    为更好地开展广西家畜遗传资源保护与利用，本书在借鉴前辈们品种研究调查的基础上，重点阐述了广西目前存栏数较大的主要家畜品种现状以及品种保护与研究利用情况。以期让广大读者了解广西各品种的特点与保护利用现状，为今后开展广西家畜的保护和利用提供参考。

    本书在编写过程中得到了广西区、市、县各级农业管理部门的大力支持，为书稿的编写调研提供了帮助和基础数据，在此表示感谢。由于编者水平有限，书中缺点和错误在所难免，敬请读者提出宝贵意见。

编 者

2020 年 7 月

●●● *Contents* 目录

广西地方品种

陆川猪

一、一般情况

陆川猪（Luchuan pig）因产于广西壮族自治区（以下简称广西）东南部的陆川县而得名，为脂肪型小型品种。2011 版《中国畜禽遗传资源志》将广西陆川猪、广东小耳花猪和海南墩头猪并称为两广小花猪。

（一）中心产区及分布

陆川猪在陆川县境内各地均有分布，中心产区为大桥镇、乌石镇、清湖镇、良田镇、古城镇5个镇。分布于陆川县周边的公馆猪、福绵猪等也统称为陆川猪。

（二）产区自然生态条件

陆川县位于东经 110° 4′ ~ 110° 25′，北纬 21° 53′ ~ 22° 3′，全县总面积 15.51 万 hm²，处于桂东南丘陵山区。陆川县属南亚热带季风气候，平均无霜期 359d，气候温和，热量充足，年平均日照 1 760.6h，12 ~ 22℃的气温有 230d，全县平均气温 21.7℃（20.9 ~ 22.5℃），7 月平均气温 28℃，历年极端最高温为 38.7℃，1 月平均气温为 13℃，历年极端最低气温为 –0.1℃。年均相对湿度为 80%。受海洋季风影响大，降水量比较丰富，年平均降水量 1 942.7mm，年均风速为 2.6m/s。

产地土壤主要由花岗岩、沙页岩风化物发育而形成。水田土壤有壤土、沙壤土、黏壤土；旱地土壤主要是杂沙赤红土、赤沙土、赤壤土；山地土壤主要为赤红壤。境内有地表河流 6 条，年径流量 15×10⁸m³。由于本县属 6 条河流的源头之地，所以水源不长，流域不广，河床不深，容量不大，大雨易涝，无雨易旱。

全县粮食作物种植以水稻为主，甘薯、芋头次之，另外还有玉米、粟类、豆类等；经济作物主要有甘蔗、烤烟、黄红麻、茶叶、淮山、花生、木薯等。

畜牧业以养猪为主，陆川猪、瘦肉型猪、三黄鸡、肉鹅、罗非鱼等是养殖业优势产品，猪品种除陆川猪外，还有长白、大约克等猪种。2018年，全县共出栏肉猪106.97万头，家禽2 102.20万只，肉类总产量11.70万t，禽蛋产量1.04万t。

二、品种来源及发展

（一）品种来源

陆川猪的形成历史悠久，早在明万历己卯（1579）年编纂的《陆川县志》中已有关于陆川猪的记载。1973年，中国农业科学院在广东顺德召开的全国猪种育种会议，确定陆川猪为全国地方优良品种，1982年被载入《中国畜禽品种志》，1987年列入《广西家畜家禽品种志》。

陆川县的农业耕作以双季稻为主，农副产品丰富，用于喂猪的主要是米糠、统糠、花生麸、木薯、甘薯，还有蒸酒的酒糟，做豆腐、腐竹的豆渣，加工米粉的泔水等。青绿多汁饲料、水生饲料，如甘薯藤、芋头苗、南瓜、萝卜、白菜、椰菜、苦麦菜、牛皮菜、水花生、绿肥等，种类繁多，分布广，四季常青，资源丰富。母猪选种多为产仔多、母性好的母猪后代，并以"犁壁头、锅底肚、丁字脚、单脊背、绿豆乳、燕子尾"为优，注重花色边缘整齐、对称，禁忌养白尾、黑脚、鬼头（额部无白斑、白毛）猪；选公猪则要求"狮子头、豹子眼、鲩鱼肚、竹筒脚"。当地群众素有养猪习惯，把养猪作为一项主要家庭副业，饲养管理精细，选种、喂料、喂法都有讲究。除在小猪阶段磨些黄豆浆拌大米煮粥饲喂外，主要用碎米、米糠、木薯、甘薯及甘薯藤、芋头苗、瓜菜等青粗饲料，蛋白质和矿物质饲料缺乏，由于饲料富含糖分，加之气温较高，新陈代谢旺盛，猪早熟易肥，躯体矮小，骨骼纤细；同时饲料（包括青粗料）全部煮熟、温热、稀喂，特别是当地人们喜爱吃捞水饭，将营养丰富的粥、米汤留给猪吃，日饲三餐，圈养不放牧，不受日晒雨淋，猪在这种稳定的饲养条件下，食饱、睡好、运动少，就长得毛稀、皮薄、肉嫩。这样经过世世代代长期的定向选育、自然环境和饲养管理的影响，便形成了今天的陆川猪。

（二）群体数量消长

近 20 年来，由于人们消费习惯的改变，用于纯繁的母猪数越来越少。相对的用于杂交的母猪数量下降速度比较慢。根据陆川县畜牧局的资料显示，2001 年能繁母猪为 5.27 万头，纯繁母猪数为 1.36 万头；2002 年分别为 5.16 万头、1.26 万头；2003 年为 5.02 万头、1.30 万头；2004 年为 5.02 万头、1.30 万头；2005 年为 2.65 万头、1.01 万头；2006 年为 2.48 万头、0.96 万头。公猪数量保持在 95 ～ 125 头。公猪用于人工采精配种的占 30%，每头公猪一年可配母猪 100 ～ 500 头。陆川县境内用于杂交改良的陆川母猪现有 1.65 万头，用于纯繁的陆川母猪现有 1.01 万头。陆川猪耐粗饲，产仔多，母性好，遗传稳定，皮薄毛稀，杂交效果好，是经济杂交理想的母本。县外分布区的陆川母猪 90% 以上用作杂交母本。产区群众自 20 世纪 60 年代以来已广泛利用它与外来猪种，如大约克、长白、杜洛克进行经济杂交，杂交一代猪呈现明显的杂种优势。据县良种场 2000 年记录统计，长陆杂交一代比陆川猪，初生重提高 36.19%，饲料利用率提高 21.6%，胴体瘦肉率提高 9.14 个百分点。

三、体型外貌

全身被毛短、细、稀疏，颜色呈一致性黑白花，其中头、前颈、背、腰、臀、尾为黑色，额中多有白毛，其他部位，如后颈、肩、胸、腹、四肢为白色，黑白交界处有 4 ～ 5 cm 灰黑色带。鬃毛稀而短，多为白色。肤色粉红色。陆川猪属小型脂肪型品种，头短中等大小，颊和下颚肥厚，嘴中等长，上下唇吻合良好，鼻梁平直，面略凹或平直，额较宽，有"丫"形或棱形皱纹，中间有白毛，耳小直立略向前向外伸；颈短，与头肩结合良好；脚矮、腹大、体躯宽深，体长与胸围基本相等，整个体型是矮、短、宽、圆、肥。胸部较深，发育良好；背腰较宽而多数下陷，腹大下垂常拖地；臀短而稍倾斜，大腿欠丰满，尾根较高，尾较细；四肢粗短健壮，有很多皱褶，蹄较宽，蹄质坚实，前肢直立，左右距离较宽，后肢稍弯曲，多呈卧系。

陆川猪群

四、品种保护与研究利用现状

陆川猪资源保护采用保种场与保种区相结合的方法实施。始建于 1972 年、占地 360 亩（1 亩约为 667m²，全书同）的陆川县良种猪场是国家级陆川猪保种场，隶属县水产畜牧局，位于陆川县大桥镇大塘坡，距县城 18km，是陆川猪的重要繁育基地。该场曾成立陆川猪保种选育科研小组，并组织协调相关部门的有关力量，完成了陆川猪 0 至第 5 世代品系选育工作和多项科学实验研究。保种场现存栏陆川母猪 162 头、公猪 6 头，年生产种猪约 1 500 头。2000 年年初，陆川猪保种在抓好保种场管理工作的基础上，认真抓好和统一规范保种区的管理工作，县水产畜牧局，各乡镇畜牧兽医站落实专人负责，对乌石、大桥、良田、清湖、古城五大保种区进行造册登记，建立猪群档案，并根据陆川猪保种选育的要求，制订《陆川猪保种区管理办法》和《陆川猪保种选育技术操作规定》。保种场与保种区种猪实行有序流动，相互交流，保种区内公母猪统一由保种场供种，种公猪不对县外销售，严格按照广西标准陆川猪选留种猪，对符合标准的种猪建立档案到头到户，发给种猪合格证，并定期进行检查鉴定和评比，保证种猪质量。广西畜牧研究所利用自身科研优势，建立了省级陆川猪保种场，从 1996 年开始，精选了 180 头纯正血统的陆川猪进行研究。科研人员用杜洛克公猪与陆川母猪进行杂交，然后横交固定，开展培育"桂科

1 号"猪新品种研究。

五、对品种的评价和展望

陆川猪是一个优良的地方品种，属小型的脂肪型。它因历史悠久，性能独特，数量较多，分布辽阔，而久负盛名。它具有许多良好性状。

一是繁殖力高，是良好的杂交母本。性成熟早：生后 90 日龄卵子已发育成熟可以配种，初情期平均为 126 日龄；发情征候明显，无论本交或人工配种，受精率都高（平均达 96%）；年产仔 2 窝，窝产仔 11 ～ 14 头，初产 10.17 头，经产 13.18 头；个性温驯，母性良好，仔猪断奶育成率达 89% ～ 95%；与长白猪、杜洛克猪杂交效果显著。

二是耐热性好，耐粗饲。气温高达 35℃时食欲不减，不出现张口呼吸现象；能大量利用青粗饲料，能在以青饲料为主适当配合糠麸的饲养条件下维持生长与繁殖，特别适合经济能力不高或采用节粮型方法养猪的广大农户。

三是早熟易肥，个体较小。一般育肥猪达 60 ～ 70kg 时，体躯已肥满可供屠宰。

四是皮薄（0.27 ～ 0.38 cm）、骨细（骨占胴体重 8.7%）、肉质优良（肉色鲜艳、肉质细嫩、肉味鲜甜，无乳腥味）。

陆川猪主要缺点：生长速度慢，泌乳力不高，饲料利用率较低，脚矮身短，背腰下陷，腹大拖地，臀部欠丰满。对猪喘气病的抵抗力较差，在饲养条件改变和长途运输后易发生喘气病，故应注意防范饲养条件骤变和运输应激等诱因。

今后应通过本品种选育，并改进饲料配方和饲养管理方法，来保持它的优良经济性状，通过杂交生产杜陆、杜长陆商品猪，充分利用陆川猪与长白、杜洛克猪杂交后代的杂种优势，克服它的瘦肉含量低和生长速度慢的缺点。

环 江 香 猪

一、一般情况

环江香猪（Huanjiang Xiang pig），1951 年以前，主要分布于广西的宜北县，故该猪原称"宜北香猪"，1951 年后，宜北县与思恩县合并为环江县，因此，现称为"环江香猪"。1986 年，环江香猪列入《中国猪品种志》，1987 年列入《广西家畜家禽品种志》，2000 年列入国家畜禽品种资源保护名录，2017 年列入《广西畜禽遗传资源志》。2011 版《中国畜禽遗传资源志》将环江香猪、从江香猪、剑白香猪等类群统称为香猪。贵州从江和广西环江是相邻两县，中间虽然有大山相隔，但两地群众往来较多，种猪也相互交配传代，因此归为同一猪种。

（一）中心产区及分布

环江香猪中心产区为广西壮族自治区环江毛南族自治县东北部的明伦、东兴、龙岩 3 个乡（镇），邻近的驯乐乡和上朝镇有分布。

（二）产区自然生态条件

环江毛南族自治县位于广西西北部，地处桂西北云贵高原东南麓。东北部 5 个乡镇属环江的偏远山区，位于北纬 24° 44′ ~ 25° 33′，东经 107° 51′ ~ 108° 43′，东与广西的融水、罗城两县接壤，西、北分别和贵州省的荔波县、从江县毗邻，西北部为石山峰丛谷地，东南多为连绵起伏峻岭，属低中山地带，地形陡峭，海拔最高达 1 693m，最低为 149m，中心产区海拔多在 500 ~ 800m。

产区属亚热带气候，冬无严寒，夏无酷热，年平均气温为 17℃。7 月最高温度为 27 ~ 28℃，1 月最低温度为 6 ~ 8℃。年日照 1 350 h，无霜期 306 d，年平均降水量北部为 1 750 mm，南部为 1 389.1 mm，集中于 4—9 月，占全年降水量的 70%，历年最小降水量 922.8 mm，蒸发量 1 571.1 mm，相对湿度 79%。

全县境内自然土壤有红壤、黄红壤、黄壤、棕色石灰土、黑色石灰土 5 个土壤亚类。土壤有机质含量较高，微酸性，土层深厚，自然肥力强。境内主要有大环江、小环江、中洲河和打狗河四条河流，大小环江河在产区内贯穿而过，小环江河是历史上和解放初期中心产地商品运输的唯一航道。区域内的大小支流 20 多条，小溪纵横，山间泉水四季涌流，水清见底，水质凉爽。

2018 年，全县辖 12 个乡镇 148 个行政村（社区），总人口 37.95 万人。农作物一年一熟，主要以水稻为主，水稻又以香粳、香糯为种植面积之首。旱地作物以玉米为主，尚种植有大豆等其他豆类、木薯、甘薯、芭蕉芋、芋头、小米等，此外，还有丰富的水生植物和种类繁多的森林野菜，为香猪的生产提供了充足的物质基础。

二、品种来源及发展

（一）品种来源

产区群众祖祖辈辈饲养香猪，历史悠久。至于"香猪"起名，远古无资料上溯考究，只是在民国二十六年（1937 年）出版的《宜北县志》和《产物图》上有文字记载，香猪是因肉质细嫩芳香而得名，早在满清时期就作为上层社会宴席名菜和作为馈赠达官贵人的珍品。当地民族，历来有宰食仔猪的习惯，特别是亲友来访时常宰仔猪招待客人，并用仔猪作为互相赠送的礼品；环江香猪产地多为石山地区，海拔较高（约 700 m），交通闭塞，猪群长期闭锁繁育，所以形成了体型小、肉质细嫩芳香的特点。由此香猪品种的形成可概括为：特定的自然地理、气候、耕作条件，独特的水土和民族风情，粗放型的饲养管理等因素的综合作用，在长期人工选择和自然选择下形成了该品种。环江香猪在特定的环境和条件下，自繁自养，又经过多代近亲交配，优胜劣汰，使得其血统高度纯化，遗传基因更加稳定，小体型特性等被保留下来。环江香猪是在粗放的饲养管理下生存下来的猪种，有较强的适应性和抗病能力。

（二）群体数量消长

20 世纪 80 年代后，随着人们生活水平不断提高，交通条件逐渐改善，饲养外来良种猪和杂交猪获得较好效益，部分群众引进良种猪饲养或引进种公猪进行杂交，导致了产区内外来血缘的侵入。为加强对环江香猪的保护，20世纪 90 年代初，在香猪主产区的明伦、东兴、龙岩、上朝、驯乐 5 个乡镇建立了保种区，严禁在保种区内引进外来猪进行杂交。

根据环江县资料统计，1980 年，环江香猪的总存栏 3.65 万头，其中能繁殖母猪 0.37 万头，成年公猪 87 头；2002 年下半年，环江香猪的总存栏 7.45 万头，其中能繁殖母猪 1.68 万头，成年公猪 165 头；2003 年，环江香猪的总存栏 7.71 万头，其中能繁殖母猪 1.88 万头，成年公猪 176 头；2004 年，环江香猪的总存栏 9.0 万头，其中能繁殖母猪 2.04 万头，成年公猪 180 头；2005 年，上半年，全县环江香猪总存栏 9.66 万头，其中能繁殖母猪 2.09 万头，成年公猪 185 头；2019 年，环江香猪总存栏 10 200 头，其中能繁殖母猪头 2 560 头，成年公猪 100 头左右。

近年来，建立了国家级环江香猪保种场，划定了保护区，环江香猪群体规模得到了较大增长，品种处于无危险状态。

三、体型外貌

环江香猪体型矮小，体质结实，结构匀称。全身被毛乌黑细密，柔软有光泽，鬃毛稍粗，肤色深黑或浅黑，吻突粉红或全黑，有少数猪的四脚、额、尾端有白毛，呈"四白"或"六白"特征。头部额平，有 4 ～ 6 条较深横纹。头型有两种类型：一种头适中，耳大稍下垂，嘴长略弯，颈薄；另一种嘴短，耳小，颈短粗。体躯有两种类型：一种体重为 70 ～ 80 kg，身长，胸深而窄，背腰下凹，腹不拖地，四肢较粗壮；另一种体重为 50 ～ 70 kg，身短圆丰满，脚短，骨细，背腰较下凹，腹大拖地。前肢姿势端正，立系，后肢稍向前踏，蹄坚实。尾长过飞节。163 头成年母猪和 34 头成年公猪的尾长分别为（27.07 ± 2.98）cm 和（24.18 ± 5.09）cm。2005 年，屠宰 15 头环江香猪统计，肋骨数（14.07 ± 0.26）对，乳头 10 ～ 14 个，长短适中，粗而均匀，双列对称，无盲乳和支乳，种公猪腹部稍扁平，睾丸匀称结实，体尺、体重测量结果见表 1。

表1　环江香猪体尺、体重测量结果

性别	平均年龄（月）	数量（头）	平均体高（cm）	平均体长（cm）	平均胸围（cm）	平均体重（kg）
公	17.32±11.05	34	47.44±9.87	92.78±21.16	80.76±17.37	43.94±24.59
母	37.26±25.27	163	52.47±5.77	110.06±10.91	100.0±11.72	72.9±22.63

四、品种保护与研究利用现状

（一）生理生化或分子遗传学研究

（1）姚瑞英、许镇凤、郭善康等人于1997年对60头2月龄的环江香猪34项血液生理生化指标进行了测定，结果有些项目的平均值与国内文献报道的同种动物指标的平均值基本一致，或介于最高与最低平均值之间，也有部分项目的指标平均数较文献报道的偏高或偏低。t 值显著性检验结果表明：环江香猪公母之间的红细胞总数、嗜酸性粒细胞比例、淋巴细胞比例、β-脂蛋白、血清糖、血清碱性磷酸酶、血清α1-球蛋白和γ-球蛋白含量两者差异显著（$0.01 < P < 0.05$）；而嗜碱性粒细胞比例、血清总胆红素、血清尿素氮、血清胆碱酯酶、血清总蛋白、白蛋白含量两者差异极显著（$P < 0.01$）。

（2）赵霞、宾石玉、韦朝阳等人2006年对环江香猪2月龄断奶仔猪60头（♂30头，♀30头）分别进行血液生理生化指标和血清钙、磷、钠、钾、氯的测定和分析。结果表明，母猪的红细胞总数、红细胞压积、嗜酸性粒细胞、β-脂蛋白、尿素氮和碱性磷酸酶显著高于公猪（$P < 0.05$），而淋巴细胞、血清总蛋白和胆碱酯酶显著低于公猪（$P < 0.05$），其他血液生理生化指标和血清钙、磷、钠、钾、氯无明显性别差异（$P > 0.05$）。

（3）宾石玉、石常友两人采用外周血淋巴细胞培养技术，对环江香猪染色体作了核型分析。结果表明，环江香猪正常的二倍体细胞染色体数 $2n=38$，其性染色体为XY（♂）、XX（♀）。18对常染色体分为A、B、C、D4个形态组，核型呈10sm+4st+10m+12t。X染色体为中着丝点染色体，大小介于第9对和第10对染色体之间，Y染色体为最小的中着丝点染色体。

（4）申学林、姚绍宽、张勤等人采用联合国粮农组织（FAO）和国际动物遗传学会（ISAG）联合推荐的27对微卫星引物，检测了4类型香猪（久仰香猪、剑白香猪、从江香猪、环江香猪）共计200个个体的基因型，分析了品系内和品系间的遗传变异。采用邻近结合法和非加权组对算术平均法进行聚类分析，结果表明，从江香猪和环江香猪亲缘关系最近，久仰香猪和剑白香猪亲缘关系次之；遗传距离最远的是剑白香猪和环江香猪，这和其地理分布、生态环境及体型外貌特征基本一致。从聚类结果可见，久仰香猪和剑白香猪聚为一组，从江香猪和环江香猪聚为另一组。

（5）姚绍宽、张勤、孙飞舟等人采用 27 个微卫星，对久仰香猪、剑白香猪、从江香猪、环江香猪、黑香猪（贵州省种猪场）、五指山猪和滇南小耳猪我国 7 个小型猪种（类群）及杜洛克、长白和大白 3 个外来猪种的群内遗传变异性和群间遗传差异进行了分析，结果表明环江香猪的群内遗传变异 [平均多态信息含量（PIC）为 0.61 ~ 0.64] 显著低于黑香猪（贵州省种猪场）、五指山猪和滇南小耳猪等猪种（平均 PIC 为 0.80 ~ 0.84）。久仰、剑白、从江和环江 4 个香猪类群彼此间的遗传差异较小（奈氏标准遗传距离为 0.12 ~ 0.22），但它们与其他 3 个小型猪种有较大的遗传差异（奈氏标准遗传距离为 1.61 ~ 1.96），与 3 个外来猪种的遗传差异更大（奈氏标准遗传距离为 1.97 ~ 3.30）。通过聚类分析，可将这些猪种清晰地分为 3 大类，久仰、剑白、从江和环江 4 个香猪类群紧密地聚为一类，其他 3 个小型猪种聚为一类。

（二）保种或利用

为加强对环江香猪的保护，20 世纪 90 年代初，在香猪主产区的明伦、东兴、龙岩、上朝、驯乐 5 个乡镇建立了保种区，严禁在保种区内引进外来猪进行杂交。2001 年，在明伦镇建立了国家级香猪原种保种场，制定了保种计划，保证种猪种质纯正，生产开发已初具规模。2007 年再次提出保种方案。

（三）品种登记制度建立情况

针对香猪存在品种退化，特征不一，繁殖性能降低等问题，1998 年、1999 年，先后在明伦镇 2 个村 4 个自然屯、东兴镇 3 个村 9 个自然屯建立保种核心群，选留登记种猪 430 头（其中种母猪 422 头，种公猪 8 头），促进了香猪的保护和选育提高。

环江香猪历史悠久，其独特的品质品味，自古以来深受人们喜爱。近年来，环江香猪深加工产业得到了快速发展。在传统加工工艺的基础上，运用现代科技手段成功地制作了安全卫生、又能保持环江香猪特有风味的环江烤香猪、腊香猪，销往区内外，在区内外市场享有一定声誉，成为广西名特优绿色畜产品。随着我国加入 WTO，环江香猪产品又瞄向国际市场，2002 年 8 月，5t 环江香猪产品试出口澳门市场获得成功，为环江香猪树品牌和进入港澳地区及国际市场打下了基础。环江香猪的深加工促进了养殖业的发展，为了维持和保护环江香猪的品种特征，规范环江香猪的养殖，1997 年环江县畜牧水产局开始制定环江香猪地方标准，2002 年 6 月 11 日，获广西质量技术监督局标准，并于 2002 年 10 月 18 日起实施（中华人民共和国地方标准备案公告 2002 年第 9 号，DB 45/T47—2002，国家备案号：12530—2002）。

五、对品种的评价和展望

环江香猪是广西优良的地方品种，属小型猪种，由于其历史悠久，性能独特，数量较多，分布辽阔，因此具有许多优点。

一是环江香猪是在产区长期封闭繁殖所形成的猪种。其最突出的优点是断奶仔猪的肉质肉味上乘，最宜供烤制烧乳猪用。为提高繁殖率，应推广人工授精与双重配种，改进母猪的饲养管理。为提高仔猪生长速度，应注重环境卫生，早期补料，创造条件逐步实行早期断奶。

二是环江香猪一般以双月龄断奶仔猪的肉质为肉食最佳期，其肥膘少，瘦肉多，皮薄而脆，脂肪少，不滑不腻，肉质清脆芳香，可作传统白切食用，若做烤猪，味道佳美。冷冻白条猪，腊香猪可保质保存数个月。

三是环江香猪适应性强，耐粗饲，性情温顺，容易饲养。

据调查，环江香猪在体型外貌方面有退化趋势，应加强品种保护和选育，以达到环江香猪地方品种标准要求，同时，有针对性地进行开发利用。

巴马香猪

一、一般情况

巴马香猪（Bama Xiang pig），俗称"冬瓜猪""芭蕉猪"。1987 年该品种载入《广西家畜家禽品种志》时正式命名为巴马香猪。

（一）中心产区及分布

巴马香猪原产于广西壮族自治区巴马瑶族自治县，中心产区为巴马、百林、那桃、燕洞 4 个乡（镇）。巴马县全境、田东县、田阳县部分乡（镇）亦有分布。

（二）产区自然生态条件

巴马瑶族自治县地处广西西部，位于东经 106°51′ ～ 107°32′，北纬 23°40′ ～ 24°23′，东与大化县接壤，南同平果、田东、田阳三县交界，西邻百色市、凌云县，北接凤山、东兰两县，全县面积 19.71 万 hm²，境内山岭延绵，丘陵起伏，东北部为大石山地区，悬崖高耸，西南部为土山坡地，地势呈西北向东南倾斜，最高海拔 1 216.3 m，最低海拔 176 m。

巴马瑶族自治县属亚热带地理气候，境内有土山、石山和高寒 3 种山区气候类型，海拔每升高 100 m，气温随之下降 0.6℃，西北地势较高，气温比南部低 2.7℃左右。因临热带海洋，受太阳辐射和西南季风环流影响，具亚热带季风气候特征，夏季雨量充沛，气温较高。据气象资料记载，1959—1985年，巴马瑶族自治县平均气温 20.4℃（最高 39.7℃，最低 -3.3℃），相对湿度79%，干燥指数 1.25，无霜期 338 d（霜期出现在每年 12 月 22 日至翌年的 1月 24 日），年平均日照 1 552.9 h，年平均降水量为 1 170 ～ 1 780 mm，5—8月为雨季，风速 1.4 m/s。

全县土坡丘陵地带为砂页岩红壤、黄红壤、黄壤、辉绿岩红壤，石山地区为石灰岩棕色石灰土。境内有地表河流 27 条，年径流量 $10.835 \times 10^9 \mathrm{m}^3$，地下河 5 条，年径流量 $2.265 \times 10^9 \mathrm{m}^3$。除百东河、册巴河流入右江，盘阳河、灵岐河等主要河流均由西向东流下，最后汇入红水河。县内溪流密布，水量充足。

巴马县是广西传统的农业生产县，全县耕地面积（含坡地）18 874 hm²，牧草地 8 942 hm²，园地 1 507 hm²，林地 103 932 hm²，其他用地 4 773 hm²，未利用土地 58 508 hm²。粮食作物以玉米为主，水稻次之，另外种有甘薯、黄豆、绿豆、饭豆、芋头等；经济作物以木薯为主，甘蔗、芭蕉芋次之，花生、油茶、火麻、芝麻也有少量种植。丰富多样的饲料资源为巴马香猪的饲养提供了物质保证。

二、品种来源及发展

（一）品种来源

当地苗族群众原来称巴马香猪为"别玉"，壮族群众原来称之为"牡汗"，汉族群众原来称之为"冬瓜猪"或"芭蕉猪"。由于其骨细皮薄，肉质细嫩，外地人食之，感觉其肉味鲜香，才逐渐传名为"香猪"。1982 年，该品种载入《广西家畜家禽品种志》时正式命名为巴马香猪。历史上产区群众逢年过节，红白喜事，均宰杀小香猪或用小香猪请客送礼。由于产区交通不便，当地群众很多时候采用留子配母的配种方式进行繁殖，一般母猪产后 10 日左右，在本窝仔猪中选择一头小公猪留作配种用，其余的全部去势，待母猪发情配种后再把所留小公猪去势。后备母猪也在同窝仔猪中选留。这种子配母或同胞间交配的近亲繁殖方式，已世代相袭数个世纪，高度近交和长期的自然选择造就了品种稳定的遗传性，使得大量的有害基因逐步从群体中被淘汰，所以现在该品种的死胎、怪胎等遗传畸形现象很少见。巴马县地处桂西，气候温湿，盛产糯米和粳米。米糠等农副产品十分丰富，青绿饲料四季不断。经当地农民群众的长期实践总结，形成了以青饲料为主的香猪饲养方法，因而巴马香猪对环境的适应性和一般疾病抵抗力较强，在粗放的饲养管理条件下能正常地生长繁殖。巴马香猪体型矮小，耐热性强，当夏季气温在 35℃以上时，母猪仍然在运动场上直射阳光下自由走动或躺卧。当气温为 30℃时，巴马香猪和杂种猪（长白×巴马，对照组）的体温分别为 38.75 和 40.11℃，呼吸频率分别为 56.97 和 83.38 次 /min。巴马香猪性野，人工采精困难，所以巴马香猪纯繁时均以本交方式进行。

（二）群体数量消长

20 世纪 50 年代末至 80 年代，随着交通条件的不断改善和人们对生猪产品及其产量的片面追求，香猪在市场上的竞争力逐渐减弱，导致群众逐渐放弃饲养香猪而引进体型大和生长快的外来猪种。随着外来猪种的源源进入，香猪血缘混杂的情况日趋严重，巴马香猪的纯种资源受到严重破坏。1981 年，全县仅有香猪母猪 126 头；1982 年建立省级保种场，保种母猪 50 头；1983—1993 年，全县香猪母猪群头数在 300 ~ 500 头；1993 年后数量逐年回升，2000 年，存栏香猪母猪增加到 0.66 万头。由于保种场和保护区的建立，使巴马香猪在数量上由濒临灭绝的 100 多头，逐年回升到 2003 年年底香猪饲养量共 31.1 万头，其中出栏商品香猪 23.1 万头，年末存栏 8 万头。2005 年年底存栏规模 10.3 万头。

近年来，由于政府的重视，建立了国家级保种场、自治区级保种场及保护区，巴马香猪群体规模有了较大的增长。据统计，2017 年年末，巴马县存栏纯种巴马香猪 6.82 万头，其中基础母猪 0.92 万头、种公猪 0.06 万头。全年出栏巴马香猪 33.487 万头，产值 1.67 亿元，其中深加工 500t，产值 0.65 亿元。该品种处于无危险状态。

三、体型外貌

巴马香猪毛色为两头黑、中间白，即从头至颈部的 1/3 ~ 1/2 和臀部为黑色，额有白斑或白线，也有少部分个体额无白斑或白线。鼻端、肩、背、腰、胸、腹及四肢为白色，躯体黑白交接处有 2 ~ 5 cm 宽的黑底白毛灰色带，群体中约 10% 个体背腰分布大小不等的黑斑。成年母猪被毛较长；成年公猪被毛及鬃毛粗长似野猪。巴马香猪体型小，矮、短、圆、肥。头轻小、嘴细长，多数猪额平而无皱纹，少量个体眼角上缘有两条平行浅纹。耳小而薄，直立稍向外倾。颈短粗，体躯短，背腰稍凹，腹较大，下垂而不拖地，臀部不丰满。乳房细软不甚外露，乳头排列匀称、多为品字形，乳头一般为 10 ~ 16 个，其中 16 个乳头的占 1.55%。2004 年 11 月调查统计 171 头成年母猪，其平均乳头数为（11.72 ± 1.52）个。巴马香猪四肢短小紧凑，前肢直，后肢多为卧系，管围细，蹄玉色。尾长过飞节，尾端毛呈鱼尾状。据 2004 年 11 月调查结果，

171 头成年母猪和 27 头成年公猪平均尾长分别为（24.07±3.24）cm 和（22.00±1.20）cm。平均肋骨数为（13.5±0.52）对。公猪睾丸较小，阴囊不明显，成年公猪獠牙较长。体尺、体重调查结果见表 1。

表 1 巴马香猪体尺、体重

调查指标	2004 年			1985 年
性别	公	母	合计 / 平均	合计 / 平均
调查头数	27	171	198	36
平均月龄	27.73±10.70	40.88±14.97	39.12±15.17	>24
体重（kg）	34.80±8.63	41.59±10.74	40.66±10.72	59.86±1.82
体高（cm）	40.87±10.08	42.97±6.97	42.68±7.47	47.8±0.55
体长（cm）	75.28±12.24	82.75±12.04	81.73±12.31	92.79±1.67
胸围（cm）	76.56±16.85	83.40±14.05	82.47±14.61	96.51±1.61
尾长（cm）	22.81±2.92	23.96±3.21	23.81±3.19	

四、品种保护与研究利用现状

巴马香猪是国家级保护畜禽遗传资源，资源保护方式主要为活体保种，采用保种场与保种区相结合的方法实施保护，目前在原产地设有国家级巴马香猪保种场 1 个，2014 年存栏基础母猪 221 头、种公猪 17 头 6 个血统、后备母猪 50 头、后备公猪 6 头。自治区级巴马香猪保种场 1 个，2014 年年末存栏群体规模 2 486 头，其中核心群基础母猪 600 头 6 个血统，后备母猪 100 头，种公猪 15 头 6 个血统。年出栏规模达到 2.3 万头以上，其中种猪供应能力 5 000 头以上。另在全县 5 个乡镇设 5 个保种区，它们分别为巴马镇练乡村同贺屯，百林乡罗皮村拉皮屯，甲篆乡好合村弄玖屯，平洞乡林览村京王屯和那桃乡玻良村那洪屯。保种场存栏基础母猪 182 头，后备母猪 56 头；保护区存栏原种母猪 621 头。

巴马香猪地方标准已由巴马瑶族自治县水产畜牧兽医局制定，广西壮族自治区质量技术监督局发布，标准号 DB 45/T 53—2002，国家质量监督检验检疫总局备案并公布，于 2002 年 10 月 18 日实施（中华人民共和国地方标准备案公告 2002 年第 9 号）。2005 年 8 月 25 日，国家质量监督检验检疫总局公告第 124 号批准对巴马香猪实施地理标志产品保护（地理标志产品标准号 DB 45/214—2005）。2005 年巴马香猪生产经营管理协会成立，2011 年 7 月 29 日广西壮族自治区第十一届人民代表大会常务委员会第二十二次会议批准了《巴马香猪产业保护条例》。2014 年制定了《巴马香猪保种技术方案》。目前，国家和自治区每年或隔年均安排一定数额的保种费用于巴马香猪保种场基础设施建设和血缘更新等，巴马香猪遗传资源保护状况总体较好。

五、对品种的评价和展望

巴马香猪是长期高度近亲交配与当地饲养条件交织影响下形成的小型猪种，以肉味香浓著称于世。其遗传性能稳定、耐粗饲、抗病力强。

巴马香猪的优点在于乳猪和 60 日龄断奶仔猪肉均无奶腥味或其他腥臊异味。皮薄而软、肉质脆、味甘而微香，是制作烤乳猪和腊全猪的上乘原料。巴马香猪在饲养过程中多采用青绿饲料，很少使用添加剂和抗生素，是优质食品，符合现代都市人的消费观念，在国际市场上应具有很强的竞争潜力。

巴马香猪由于高度近交，其遗传学上基因纯合度高，是育种研究和医学实验动物培育的良好材料，另外，巴马香猪性野、耐粗饲、抗病力强，也有助于抗性基因的研究。

东 山 猪

一、一般情况

东山猪（Dongshan pig）因原产于广西全州县东山瑶族自治乡而得名，1987年该品种载入《广西家畜家禽品种志》，属于肉用型品种。

（一）中心产区及分布

全州县东山瑶族自治乡为东山猪的中心产区。东山猪主要分布于广西壮族自治区全州县、灌阳县、兴安县、资源县、龙胜县、灵川县、临桂县、恭城县、平乐县、荔蒲县、阳朔县、富川县、钟山县、贺州市及湖南永州市的芝山区等地。

（二）产区自然生态条件及对品种形成的影响

全州县地处广西东北部，湘江上游。位于北纬25°29′~26°23′，东经110°37′~111°29′。县境西北、东南、南面高山环绕，地势由西南向东北倾斜。中部丘陵，沿湘江两岸形成狭长小平原称"湘桂走廊"，是农业耕作区和水果产区。周边依次与广西的灌阳县、兴安县、资源县及湖南省的新宁县、东安县、永州市、双牌县、道县等县市交界。平均海拔200 m左右，中心产区东山乡海拔680 m左右，是瑶族居住的地区。

全州县属于亚热带湿润性季风区，无霜期长、四季分明、光照充足、雨量充沛。全年无霜期298 d；年平均气温17.7℃，最低气温–6.6℃，最高气温36℃；年积温6 465℃；年平均降水量1 492.2 mm；年平均相对湿度78%；年平均日照1 488.7 h。

境内河流主要有湘江、灌江、万乡河、建江等，属长江水系。有中型水库5座，小型水库18座。耕地土壤沙黏适中，多为壤土或沙壤土。

全州县是典型的农业大县，农业资源丰富，农业生产条件优越，主产水稻，其他为玉米、大豆、小麦、甘薯等，是全国 100 个商品粮生产基地县之一。近年来，粮食生产逐步向优质化方向发展，优质谷、优质饲料粮比例达到 65% 以上。经济作物以生姜、红辣椒、大蒜、油菜、花生、槟榔芋等为主，是全区油菜生产的重点县，年种植面积 2 万 hm² 以上，产量 1 500 万 kg。全州县农产品丰富。全县耕地面积 4.78 万 hm²，其中水田 3.55 万 hm²，旱地 1.23 万 hm²。农田有效灌溉面积 3.67 万 hm²，保水面积 2.97 万 hm²。

中心产区东山乡山多地少，田少水少，土质贫瘠；粮食作物以水稻、玉米为主，其次是甘薯、旱芋、荞麦、燕麦、高粱等。野生饲料多达 40 余种，由于粮食产量不多，青饲料资源丰富，养猪主要靠青粗饲料，精料很少，青料中大部分是野菜，仅在育肥后期和哺乳期喂以较多的谷物和薯类。对哺乳母猪及仔猪以圈养为主，饲养管理较为精细，喂的精料也较多。群众以繁殖猪苗作为主要收入，所以对母猪的选择很重视。长期定向选育、自然环境及饲养管理方式对该品种的形成产生了重要影响。

二、品种来源及发展

（一）品种来源

据史料记载，东山猪经历代驯化和定向选育形成，产区群众对母猪选择以"狮子头、蒲扇耳、杆子腰、包袱肚、粽粑脚、锥子尾"为标准。以前东山猪中心产区交通极为不便，人民生活贫苦，养猪主要靠野生饲料。因而形成了该猪种耐粗饲的特性，加之产地老百姓对猪的管理粗放，长此以往猪的体质变得较为结实，抗逆性也较强。即使在破烂不堪的栏舍中日晒雨淋也很少发病，无论在酷热的夏天（36℃）或寒冷的冬天（-6.6℃），东山猪仍然保持正常的生长发育与繁殖。该品种没有发现有特殊易感的传染病。由于长期的定向选育、自然环境和饲养管理的影响，便形成了具有耐寒、耐粗饲、体质强壮、抗病力强、瘦肉较多的猪种。20 世纪 50 年代末期，当地畜牧部门经群体择优，定为本地良种。20 世纪 70 年代，经中国农业科学院鉴定为全国良种猪品种之一，并载入《中国良种猪》一书中介绍推广。

（二）群体规模

据2004年调查，全州县东山母猪存栏数约7.0万头，能繁殖母猪约6.0万头，成年公猪150头；2019年全州县东山母猪存栏5.0万头，能繁殖母猪5 000头，成年公猪40头。东山猪是广西桂北、桂东地区良好杂交母本。以东山猪作为母本，与外来猪种杂交，产仔数多，断奶窝重大，仔猪生活力强，耐粗饲，增重快。据调查，有5.60万多头母猪是用于生产二元杂交肉猪。据20世纪80年代的研究，用东山母猪与约克、长白等公猪杂交（146窝）平均窝产仔数10.8头，60日龄平均断乳育成头数每窝8.8头，窝重111.5 kg，比东山猪的99.3 kg提高12.3%。全州县畜牧场用长白公猪与东山母猪杂交，产仔在10头以上，最高达20头，60日龄断乳窝重最高达185.3 kg，最大个体重23 kg，肉猪7～8月龄体重80～95 kg，长肉能力比东山猪显著提高。长白和东山一代杂种猪与东山猪的对比试验表明，杂种猪日增重比东山猪提高30.7%，每千克增重少消耗混合料0.08 kg。杂交后代产瘦肉量都有很大改进。据测定，东山猪在活重100 kg时瘦肉率为34.58%，两品种杂交猪（长白 × 东山）瘦肉率平均为41.6%，三品种杂交（长白 × 东山 × 长白）猪瘦肉率为48.99%。

（三）现有品种标准及产品商标情况

1989年，当地有关部门就开始了东山猪品种标准的制定工作，广西壮族自治区质量技术监督局已公布了东山猪品种标准（标准号：DB 45/T 239—2005），国家标准化管理委员会已准予标准备案并公布，于2005年10月31日实施。东山猪具肉质鲜美的优点，适合开发生产烤乳猪、火腿、腊肉、风味肠等中高档肉制品。

三、体型外貌

东山猪的毛色以"四白二黑"为主，即躯干、四肢、尾帚、鼻梁及鼻端为白色，耳根后缘至枕骨关节之间区域，尾根周围部位为黑色，俗称"两头乌"。据调查统计，东山乡的猪，"四白两黑"猪占89%，小花猪8%，大花猪3%。安和乡的猪，"四白两黑"猪占70%，花猪30%左右。东山猪体型高大结实，结构匀称。头部清秀，中等大小。嘴筒平直，耳大小适中下垂，额部有皱纹。根据调查统计，面宽、嘴筒短、额部皱纹多、耳大者30%；面窄，嘴筒长、皱纹少、耳大者 20%。面宽窄适中、嘴筒中等长短、额部皱纹适中、耳中等大者 50%。背腰平直而稍窄，腹大而不拖地，臀部较丰满，乳头 12 ～ 14 个，少数 16 个，发育良好。调查统计 161 头成年母猪，其平均乳头数为（14±0.26）个，分布均匀，发育良好。平均尾长（28.4±3.02）cm，尾端毛为白色。体长较胸围平均大 15.82 cm 左右。根据 15 头肥育猪屠宰结果，平均肋骨为（13.01±0.25）对体尺、体重见表 1。

表 1　东山猪体尺、体重统计

调查指标	2006 年		1984 年	
性别	公	母	公	母
调查头数	37	161	2	35
平均月龄	19.49±9.62	47.93±28.58	24	48
体重（kg）	63.88±25.48	102.79±19.41	63.39	85.42
体高（cm）	61.79±7.06	66.67±4.76	63	64.05
体长（cm）	112.74±13.97	127.45±6.65	115	115.68
胸围（cm）	91.81±13.34	111.63±8.98	91.75	105.94
尾长（cm）	24.03±2.89	29.42±1.92		

东山猪

四、品种保护与研究利用现状

（一）生理生化或分子遗传学研究方面

2001 年，全国畜牧兽医总站畜禽牧草种质资源保存利用中心对东山猪进行了 27 个微卫星 DNA 标记及 8 个血液蛋白质标记的分析，发现具有特有等位基因或优势等位基因座 $S0228$（276、0.06），$SW951$（125、0.97），$S0002$（198、0.50）（括号里的数字分别是等位基因及频率），建议东山猪从华中两头乌中分离出来。

（二）品种保护和研究利用现状

东山猪原种保种场位于全州县全州镇水南村，建于 1983 年 8 月，2004 年开始扩建，当时有种母猪 295 头，种公猪 25 头。现全场存栏基础种母猪 305 头，种公猪 25 头，后备母猪 100 头，后备公猪 10 头，生产初具规模。全州县东山瑶族自治乡被规划为东山猪保种区，2003 年有能繁母猪 2 000 头左右，公猪 30 余头，全年能向区内外提供 1.6 万头优质种猪苗。2006 年，全州县加大了广西地方良种猪——东山猪的保种工作，拨出专款 2 万元，扶持 30 户农户在白宝、东山两个乡建立东山猪保种区，并进行提纯复壮工作。2013 年 4 月，东山猪获得农业部农产品地理标志登记证书。

五、对品种的评价和展望

东山猪具有体躯高大、生长发育较快、适应性好、抗病力强、耐粗饲、泌乳性能好、肉质鲜美等优点。适合开发生产烤乳猪、火腿、腊肉、风味肠等中高档肉制品，也是良好的二元杂交猪母本。但是与外血型猪比较，则瘦肉率低、生长慢、价格低、群众饲养积极性低，因此，饲养数量明显减小，自 20 世纪 70 年代开始，东山乡被列为东山猪保种区，建立了保种场，但由于政府投入小，市场疲软，因此东山猪保种难度很大。

桂 中 花 猪

一、一般情况

桂中花猪（Guizhong Spotted pig）因主要分布于广西中部而得名。1987 年列入《广西家畜家禽品种志》，2004 年列入《中国畜禽遗传资源志》名录。

（一）中心产区及分布

桂中花猪原来主要分布于广西中部的柳州、河池、南宁、百色 4 个市及桂林市永福县等 30 多个县（市）。主产区为融安、平果、崇左等县（市）。2006 年调查，中心产区为广西百色市平果县太平、耶圩、海城 3 个乡镇，在该县的坡造、旧城、同老、黎明、果化等乡镇也有分布。

（二）产区生态环境及品种形成

广西百色市平果县，最高海拔为 934.6 m，最低为 76 m，地势较高，属高温多雨亚热带季风气候，年平均气温 21.5℃，无霜期 341d，年平均降水量 1 374.2 mm，雨量充沛，年日照时数为 1 682.6 h，光照充足。全县有大小河流 36 条，主要有右江、红水河两大水系。

产区农作物以玉米、水稻为主，其次是甘蔗、大豆、木薯、花生、甘薯、扁豆、猫豆等，产量稳定，部分作物一年两熟，农副产品饲料来源丰富，为桂中花猪的形成提供了一定的物质基础条件。

二、品种来源与发展

（一）品种来源

桂中花猪在 1949 年以前已遍及融安、平果县等地。1949 年以前，山区交通不畅，群众养猪多为放养，饲料主要靠野草、野菜、树叶、农作物副产品和少量玉米、米糠、薯类等。养殖户分散，有些养殖户养母猪采用留子配母或兄妹相配等近亲繁殖现象。但经过不断的自然和人工选择，形成了体质健壮，四肢坚实，抗病力强，耐粗饲，遗传性稳定的花猪品种。20世纪60年代平果县陆续引进了陆川猪、东山猪及国外的约克夏、长白等猪种进行杂交。特别是20世纪80年代以后，平果地区饲养的猪基本上都是以桂中花猪为母本，外来良种猪为父本杂交生产的二元杂或三元杂交猪。2004年，全国畜禽遗传资源调查时柳州市已极少存在纯种桂中花猪，主要以百色市平果县部分山区仍进行着本品种的纯种繁殖和饲养。

（二）群体规模

2006年调查，平果桂中花猪存栏8.32万头，其中能繁母猪2万头，用于纯繁生产的母猪6 173头，用于作杂交改良的母猪1.4万头，占能繁母猪的69.35%，公猪存栏138头。1981年，产区约有成年母猪40万头，融安、平果、崇左3个主要产区有桂中花猪母猪2.5万头，公猪560余头。引入外种猪以后，母猪数量逐步下降，到2002年以后有所回升，2002年年底平果县全县桂中花猪存栏8.66万头，其中能繁母猪2.4万头，公猪118；2004年年底全县存栏8.8万头，其中能繁母猪2.1万头，公猪135头；2005年年底全县存栏8.5万头，其中能繁母猪2.1万头，公猪138头；2019年年底平果全县存栏5 589头，其中能繁母猪2 180头，公猪16头。

三、体型外貌

桂中花猪头较小，额稍窄，有2～3道皱纹，嘴筒稍短，耳中等大略长，两耳向上前伸。体型大小中等，各部位发育匀称，体长稍大于胸围，肋骨13对。背微凹，臀稍微斜，腹大不拖地，乳头12～14个，排列整齐。四肢强健有力，骨骼粗壮结实，肌肉发育适中。毛色为黑白色，头、耳、耳根、背部至臀部、尾为黑色，腹部、四肢及肩颈部为白色，背腰部有一块大小不一而位置不固定的黑斑，黑白毛之间有3～4 cm宽的灰色带（黑底白毛）。嘴尖及鼻端为白色、额头有白色流星，多延至鼻端。24～36月龄猪体尺、体重见表1。

表1　2006年桂中花猪体尺及体重测量结果

性别	平均体高（cm）	平均体长（cm）	平均胸围（cm）	平均体重（kg）
公	48.57±1.67	92.43±1.49	84.57±1.80	42.42±1.67
母	56.68±0.03	112.90±0.06	102±0.06	77.31±0.12

四、品种保护与利用研究

广西有桂中花猪分布的县市尚未建立有保种场和保种区域，也没有保种和利用的计划。1995—1997 年，靖西县水产畜牧兽医局有计划有步骤地从外地引进了 4 000 多头桂中花猪来取代本地混杂的桂中花猪，建立了一批示范户，以示范户来带动群众饲养，得到了较好的效果，使桂中花猪的饲养得到了一定的推广。2018 年 4 月，桂中花猪获得农业农村部农产品地理标志登记证书。

五、评价与展望

桂中花猪母性好、耐粗饲、抗病力强、肉质鲜嫩可口，产仔数多，是不可多得的地方优良品种。虽然体型不够整齐，躯体欠丰满，但随着社会经济的发展、物质的丰富，育种技术的提高，也已明显好转。应加快建立桂中花猪的保种基地和保种区域，进一步做好保种与选育工作。

隆 林 猪

一、一般情况

隆林猪（Longlin pig）是广西优良的地方品种。由于额部有白色星状旋毛，四脚、尾端有白毛，其余为全黑，故又称六白猪。1987 年该品种载入《广西家畜家禽品种志》，正式命名为隆林猪。属于肉用型品种。

（一）中心产区及分布

中心产区位于广西隆林各族自治县的德峨、猪场、蛇场、岩茶、介廷等乡。此外，毗邻的西林县、田林县、乐业县也有少量饲养。

（二）产区自然生态条件及对品种形成的影响

隆林各族自治县位于广西壮族自治区西北部，东经 104° 47′ ~ 105° 41′，北纬 24° 25′ ~ 25° 00′。地处云贵高原东南边缘，东与广西田林县为邻，南和西南与广西西林县接壤，北以南盘江为界与贵州省兴义市、安龙县、册亨县相邻。地势中部高、南北低。隆林海拔为 400 ~ 1 950m。全县总面积 3 551km²。县内聚居着苗、彝、仡佬、壮、汉 5 个民族，其中少数民族人口占总人口的 79.3%。

隆林县属于亚热带季风气候区，南冷多雨，北暖干旱，立体气候和立体农业特征明显。年均日照时数 1 763.3 h。气温最高 39.9℃，最低 -3.1℃，年均 19.7℃，年总积温 6 966.3℃。无霜期为 290 ~ 310 d。因临热带海洋，受太阳辐射和西南季风环流的影响，夏季雨量充沛，冬季雨少湿冷。年降水量 1 023 ~ 1 599 mm，降水量为南多北少。县境内风向多为东北偏东风和西南偏南风，累计各月平均风速为 0.9 m/s，定时观测最大风速为 14 m/s。

全县土质主要有红壤、黄壤、黄红壤、棕色石灰土、灌丛草甸土、水稻土

6 种土类，分为 16 个亚类，31 个土属，68 个土种。土壤呈酸性，pH 值 5 ~ 6，土层较厚，土质疏松且较肥沃。地貌结构分为溶岩区和非溶岩区，石山区面积占 1/3。由于该县地表植被比较好，水源丰富，境内河流属珠江流域西江水系，以金钟山山脉为南北分水岭，北侧属于南盘江水系，南侧属于右江水系。流入南盘江水系的河流流域面积 2 959.62 km^2，占总流域面积的 83.3%；流入右江水系的河流流域面积 593.34 km^2，占总流域面积的 16.7%。流域面积在 25 km^{2}以上的地表河有 21 条，其中注入南盘江水系的有新州河、冷水河等 15 条，注入右江水系的有岩茶河、冷平河等 6 条。

据 2003 年隆林各族自治县统计，全县共有耕地面积 23 544.7 hm^2，其中水田 6 117.5 hm^2，旱地 17 427.3 hm^2。主要粮食作物有水稻、玉米，还有小麦、油菜、豌豆、蚕豆、瓜菜、荞麦、高粱、大豆、南瓜、甘薯等。其中稻田的耕种以中稻加冬种小麦为主，旱地以玉米为主。主要经济作物是烤烟、生姜，还有茶叶、花椒、林木、花卉、甘蔗、青麻、油菜、薏米、各种牧草等。2003年全县共有宜牧草山面积 142 670 hm^2，境内生长肥牛树、任豆树、构树、白树、番石榴等豆科灌木和淡竹、秋树、牛筋草、狗尾草、五节芒等禾本科牧草共 80 余种，可饲植物丰富，牧草青绿，种类繁多，生长旺盛。众多的原料为隆林猪的饲养提供了丰富的青饲料。当地群众养猪以青粗饲料为主，猪舍建于石头窝中，防寒性能差，在这种饲养管理条件下逐步形成了隆林猪耐粗耐寒的特性。

二、品种来源及发展

（一）品种来源

隆林猪是在一定自然地理环境和饲养条件下，经长期精心培育而成。当地聚居苗、瑶等少数民族，过去遇上红事和白事有杀母猪祭祀的风俗。而且产区的群众认为母猪养太久了体重往往太大，吃料增多，而且容易压死仔猪，所以对母猪往往仅仅养两三年就进行换种了，因此每年淘汰的母猪就相当多，客观上也就起到了去劣的作用。另外，养母猪繁殖小猪出卖是当地群众的主要经济来源。因而，群众很重视种猪的选择，要求体型较大、身长、背腰平直、嘴短、鼻孔宽、耳大下垂、耐粗、耐寒、抗病力强。由于当地苗族群众大多生活在大石山区，生活条件艰苦，大部分猪棚建于露天石窝之中，棚顶盖茅草或玉米秸秆，防雨和保温性能差，猪饲料大部分为野菜。这种饲养管理习惯已沿袭数个世纪，从而形成了隆林猪耐寒和耐粗饲的优良特性。因而隆林猪对环境的适应能力很强，在极差的饲养环境条件下仍能正常繁殖、生长，对疾病的抵抗能力也较强。这样经过长期不断的选优去劣，就形成了今天耐粗饲，耐寒，抗病力强，死亡率低，适应性强，皮肤病少，易于饲养的隆林猪。

（二）群体数量消长

1987 年隆林猪母猪存栏 1.5 万头，公猪 300 余头。2002 年年底，隆林母猪存栏 0.1 万头，公猪存栏数 15 头；2003 年年底，隆林母猪存栏数 417 头，其中能繁殖母猪数 352 头，公猪存栏数 40 头；2004 年年底，隆林母猪存栏数 931 头，公猪存栏数 15 头；2005 年上半年，隆林母猪存栏数 750 头，公猪存栏数 15 头。隆林猪群体数量明显下降，主要是随着农村经济的发展、农民收入水平的提高和交通条件的不断改善，人们对生猪产品及其产量的片面追求，隆林猪在市场上的竞争力逐渐减弱，导致群众逐渐放弃饲养隆林猪而引进体型大、生长快的外来猪种，随着外来猪种的源源进入，本地猪血缘混杂的情况日趋严重，导致隆林猪的基因库基因污染日益严重，纯种资源受到严重破坏。隆林猪已经成为濒危品种，该品种没有保种场，也没有稳定保种计划，保种工作非常严峻。

三、体型外貌

隆林猪被毛粗硬，毛色有六白（即额有白色星状旋毛，四脚与尾巴有白色毛，其余为黑色），全黑，花肚（即肚子有白斑）和棕色 4 种，2003 年调查统计表明六白占 52%，花肚占 42.7%，棕色占 0.13%。2006 年调查 164 头 10 月龄以上母猪和 14 头 6 月龄以上公猪共 178 头猪的毛色分布：六白占 88.2%，花肚占 11.23%，全黑占 0.57%，棕色 0。隆林猪体型较大、身长。胸较深而略窄，背腰平直，腹大不拖地，臀稍斜，四肢强健有力，后腿轻度卧系。头大小适中，耳大下垂，脸微凹，嘴大稍翘，鼻孔大，口裂深，额略如狮头状，额中有鸡蛋大小白色旋毛。尾根低，尾长过飞节，12 月龄以上母猪平均尾长（28.5 ± 3.4）cm，6 月龄以上公猪平均尾长（24.4 ± 3.7）cm。根据 15 头隆林猪的测定，平均肋骨数为（13.93 ± 0.25）对。2006 年 3 月对 159 头母猪的调查统计，乳头数 8 ~ 14 个，平均（11.4±1.28）个。隆林猪体尺、体重调查结果见表 1。

表 1　隆林猪体尺、体重

调查指标	2006 年		1984 年	
性别	公	母	公	母
调查头数	14	159	15	19
平均月龄	18.1±10.1	30.5±10.9	12	成年
体重（kg）	43.3±17.1	68.4±24.0	75.50±8.54	52.85±11.63
体高（cm）	52.6±10.1	59.1±6.39	58.85±5.94	52.84±3.06
体长（cm）	96.5±14.2	112.0±12.8	102.26±3.74	97.60±7.56
胸围（cm）	84.2±10.5	98.5±12.1	97.90±5.28	87.39±8.31
尾长（cm）	24.4±3.7	28.5±3.4		

隆林猪

四、品种保护与研究利用现状

本品种没有进行过遗传多样性测定，也没有建立品种登记制度。由于没有保种场，近年来本品种数量在迅速地减少，有待于加强保护。由于本品种肉质味美，易育肥，适宜做烤猪，市场开发有一定的潜力。2016 年 3 月，隆林猪已获得农业部农产品地理标志登记证书。

五、对品种的评价和展望

隆林地处高寒山区，产区群众生活条件艰苦，交通不便，饲养管理粗放，在寒冷和较低营养水平下，表现出很好的耐粗饲的特性。隆林猪具有体躯较高大、生长发育较快、适应性好、抗病力强、耐粗饲、泌乳性能好、瘦肉率较高，肉质鲜美、初生体重大，育成率高等优点。但是与国外瘦肉型猪比较，则瘦肉率低，生长慢，产仔数少、后腿肌肉欠丰满。因此，群众饲养积极性低，饲养数量明显减小。

一般农村的饲养条件下，隆林猪 10 月龄可达 75 ~ 80 kg，其肉脂比例仍符合当前市场需要。适合开发生产烤乳猪、火腿、腊肉、风味肠等中高档肉制品，也是良好的二元杂交猪母本。要进一步开发隆林猪品种资源，使其市场价值发挥到最大。一是加强本品种选育。二是划定隆林猪保种区，建立基本种猪群。三是建立相应的育种机构，配备一定的技术力量，有适当的经费。四是制定选种标准和鉴定标准，并要按选种标准和鉴定标准，坚持长期有效的选种选配，必能取得较大进展。五是通过杂交产生杂交优势，提高产仔数，技术部门要认真研究理想的杂交组合。

德保猪

一、一般情况

德保猪（Debao pig），原名德保黑猪。1987 年该品种载入《广西家畜家禽品种志》，属于肉用型品种。

（一）中心产区及分布

根据德保县农业农村局 2019 年申报德保猪农产品地理标志保护登记所进行的调查情况看，德保猪遍布德保全县，以马隘、那甲、燕峒、巴头、敬德、东凌 6 个乡镇为中心产区。

（二）产区自然生态条件及对品种形成的影响

广西德保县位于桂西南，东经 106°37′～107°10′，北纬23°10′～23°46′，东面与田阳、田东县交界，东南面与天等县相邻，西面与靖西市交界，北面与田阳、右江区接壤。地势呈西北高东南低。西北谷地海拔一般在 600～900 m，山峰海拔 1 000～1 500 m。而东南谷地海拔只有 240～300 m，山峰海拔 800～1 000 m。

德保县属于南亚热带季风气候，冬不严寒、夏无酷暑、气候温凉、春秋分明。年平均气温为 19.5℃，年降水量为 1 462.5 mm，年平均日照时数为 1 554.1 h，年蒸发量为 1 437.6 mm，年无霜期为 332 d，年平均湿度为 77%。

德保县属于云贵高原东南边缘余脉，是桂西南岩溶石山区的一部分，地形地貌结构十分特殊复杂，喀斯特地形纵横交错，成土母质以石灰岩、沙页岩为主。全县大小河流 31 条，以鉴河为最大，绝大部分河流分布在东南部，西北部，冬春比较干旱。

产区农作物主要以种植玉米、水稻为主，一年两熟，小麦、荞麦次之，兼种高粱、木薯、甘薯等杂粮。野生饲料资源也极为丰富，为养猪提供了优良条件。

2019 年，德保县总面积 2 575 km²，辖 12 个乡（镇）185 个村（社区）委会，人口 36 万，聚居壮汉瑶等 9 个民族，其中壮族人口占 98%。

二、品种来源及发展

（一）品种来源

德保猪的形成缺乏历史记载，根据几次调查了解，中心产区七八十岁的老农反映，这个品种早已被德保人民所喜爱，是老祖宗遗留下来的当家猪种。据祖先的传说，几百年前已有德保猪饲养，原先这个猪种个体不大，但经过漫长岁月的精心选育，逐渐育成现在个体大、耐粗饲的地方猪品种。

（二）群体数量消长

20 世纪 80 年代中期以前，德保猪一直是当地生猪生产的当家品种，随着外来良种猪的引进和猪品种改良技术推广，近 20 年来，由于养猪业重改良轻保种，德保猪品种资源迅速减少，在个别乡（镇）已经消失。据县畜牧局调查统计，2002 年年底存栏能繁母畜 747 头，种公猪 1 头，群体总数 853 头；2003 年年底有能繁母畜 510 头，群体总数 515 头，2004 年年底有能繁母畜 495 头，群体总数 495 头；2005 年年底有能繁母畜 397 头，群体总数 397 头；到 2006 年上半年能繁母畜数量 305 头。

近年来，随着人民生活水平的提高，对高品质肉类食品的追求以及产业扶贫的需要，肉质优良的德保猪得到了县委县政府的高度重视，出台了系列扶持政策，引入了百色红谷农业投资有限公司作为龙头企业，通过"公司＋农户"大力发展德保猪养殖，使一度濒临灭绝的德保猪重新焕发生机，2019 年全县饲养量达到约 11 万头。

三、体型外貌

德保猪全身黑色，故有德保黑猪之称。被毛长而粗硬，鬃毛长约 5 cm。该品种体大身长，胸深身宽，体质结实，结构匀称。头部直小和适中为主，少数短深。脸微凹，额头有明显皱纹，有的呈复式"X"状，有横行纹，也有棱形纹，额端平直。嘴筒圆，长短不一，上下额平齐。耳小平直或稍下垂，少数耳大下垂。背腰稍平直，腹大但不拖地，臀部丰满适中，稍向肩部倾斜。四肢短而强壮有力，肌肉发育适中。尾型下垂，少数上卷，有尾帚。据统计94头猪数据显示，尾长为（30.26±2.89）cm。乳头细，排列整齐，据统计94头猪数据显示，乳头10～14个，排列均匀。体尺及体重调查结果见表1。

表1　德保猪成年母猪体尺及体重

年龄（岁）	体高（cm）	体长（cm）	胸围（cm）	体重（kg）
1～2	53.39±0.44	83.93±0.23	104.61±0.81	63.21±0.70
2～3	55.6±0.21	86.5±0.31	108.8±0.38	72.2±0.39
3岁以上	58.47±0.13	89.9±0.21	113.7±0.13	80.7±1.36

德保猪

四、品种保护与研究利用现状

（一）生理生化或分子遗传学研究方面

未进行过任何生化或分子遗传方面的测定。

（二）保种和利用方面

该品种未建立专门保种场或保护区，也没有提出过保种和利用计划，在原产地主要由百色红谷农业投资有限公司开展保护和开发利用，在自治区畜牧研究所开展异地保护。

五、对品种的评价和展望

德保猪具有耐粗饲、抗病力强、适应性广，母猪利用年限较长，产仔成活率高，是广西优良地方品种之一。德保猪有两种类型：一种是嘴长且平直、额头少皱、耳大下垂、体躯较大；另一种是嘴短、额头、四肢多皱纹、耳稍垂、体躯较前小。德保猪皮厚，头和四肢均有皱纹，给屠宰加工带来一定困难，但只要进一步选育提高是可以克服的。德保猪与外来猪种大约克猪、长白猪、杜洛克猪等相比生长速度较慢，但杂交后代的生长速度提高较为明显。

富 钟 水 牛

一、一般情况

富钟水牛（Fuzhong buffalo）原名富川水牛。中国 13 个优良的地方水牛品种之一，属沼泽型水牛，役肉兼用型。1987 年被列入《广西家畜家禽品种志》，改名为富钟水牛。

（一）中心产区及分布

中心产区在广西壮族自治区贺州市的富川瑶族自治县（以下简称富川县）、钟山县，贺州市的其他区县及邻近的桂林市、梧州市等均有分布。

（二）产区自然生态条件

原产地富川、钟山两县位于桂东北丘陵地区，属五岭中都庞岭与萌渚岭两大山脉系统（富川县位于东经 115° 5′ ~ 111° 28′，北纬 24° 37′ ~ 25° 9′；钟山县位于东经 110° 58′ ~ 111° 32′，北纬 24° 17′ ~ 26° 47′）。产区地形多样复杂，有平原、丘陵、盆地、山地，除个别山峰为海拔 1 000 ~ 1 800 m以外，其余 1 000 m 以下，且大部分地区为海拔 200 ~ 500 m，山岭、丘陵较多，属"八山一水一分田"地区。属典型的亚热带季风气候。由于地处热带与亚热带季风气候过渡地带特殊的地理位置，兼有两者的气候特征，但偏向于大陆性气候，形成了独特的"光热丰富、雨量充沛、雨热同季、冬干春湿"的气候特点，非常有利于牧草的生长。年均气温 19℃左右，全年 ≥ 10℃的活动积温为 6 072℃（富川），极端最高气温 38.8℃，出现在 1987 年 7 月 21 日；极端最低气温 –3.7℃，出现在 1969 年 1 月 31 日。

年平均无霜期钟山为 322 d，富川 317.9 d。最长为 1966 年 364 d，最短为 1958 年 277 d。平均初霜日期为 12 月 21 日，平均终霜日期为 1 月 28 日；最早初霜日期是 1958 年的 11 月 24 日，最迟终霜日期是 1986 年 3 月 6 日。年平均降水量钟山县 1 530.1 mm，富川县 1 699.7 mm。雨季平均始旬为 3 月下旬出现，平均结束旬为 8 月中旬，平均时长 167d。

富钟水牛产地的全年平均干燥指数为 93，全年总降水量 1 700 mm，平均气温 19 ℃，为湿润地区。风向受季风气候影响，季节变化明显，年平均风速钟山 2.3 m/s、富川 2.9 m/s，最大风速每秒达 3.2 m。年平均相对湿度钟山县为 76%、富川县 75%，每年 3—4 月分别增至 81% 和 86%，9 月后相对湿度降至 60% 左右。

原产地水源资源丰富，境内河流有富江、思勤江、珊瑚河、白沙河、麻溪河、秀水河等众多河流。其中富江、思勤江、珊瑚河为桂江一级支流，均属珠江流域的西江水系。同时，地下水分布普遍，水量充沛。水利设施、山塘水库较为配套，水资源丰富，可解决人畜饮水问题。土质属沙页岩或石灰岩形成的碳酸盐红黏壤土为主，pH 值 6.3 ~ 6.6，有机物质含量 1.5% ~ 2%。土质种类有水稻土、红壤土、黄壤土、石灰岩土、红色石灰土、紫色土、冲积土等。

两县土地面积 3 434.36km^2（富川 1 572.36 km^2，钟山 1 862 km^2）。其中耕地 435.91 km^2，占总面积的 12.69%；森林面积 1 251.2 km^2，占总面积的 36.43%；草场 1 063.02 km^2，占总面积的 30.95%；荒地面积 511.2 km^2，占总面积 14.89%。

产区耕作制度主要为一年两熟，耕作方式主要有"水稻—水稻—菜（绿肥、冬小麦等）""玉米—玉米（甘薯、木薯等）""大豆（花生）—甘薯（木薯）"等。作物种类主要是稻谷、玉米、大豆、花生、甘薯、木薯、小麦等。经济作物有烤烟、脐橙等。

富川、钟山两县农作物以水稻为主，旱地作物有玉米、大豆、花生、甘薯、木薯等，可生产大量的秸秆用于养牛；两县还有草山草地面积 177.21 万亩，为水牛的养殖提供了丰富的饲料资源。

二、品种来源及发展

（一）品种来源

富川、钟山两县均属于人少地多的地区，耕田种地是当地农民的主要收入来源，当地水田大多为低洼田，旱地又多为黏性土壤，体型较小的牛难以胜任耕作。据产区有关人士介绍，过去在产区有斗牛的习惯，逢年过节及会期，户与户、村与村之间，常相邀斗牛，斗胜者，牛主及全村均引以为荣。再者，富钟两县解放前交通很不方便，木制大轮牛车是主要交通工具，水牛是交通运输的主要役畜，公牛可以拉 1 000 多千克、母牛可拉 600 多千克；直至现在，由于考虑到运输成本及道路状况等原因，牛车仍是很多农户进行生产的主要运输工具。随着商品经济的不断深入，水牛由单纯的生产资料逐步向生活资料转变，如养母牛的以产犊牛出售作为主要收入，养公牛拉车者从 2 岁左右购入，在生长发育的过程中又可供拉车，到 6 岁左右成年时大多作为菜牛出售，然后又购回小公牛饲养，从中赚取差价。凡此种种原因，促使当地农民选留体格高大的公牛作为种公牛。长此以往，经过自然环境条件的影响和人为的选择，形成了今天体格高大、性能优良的富钟水牛。

（二）群体规模及数量消长

据 2006 年年底广西畜禽家畜遗传资源社会分布情况统计，全广西富钟水牛存栏总数约 38.72 万头，其中成年公牛约 3.43 万头，成年母牛约 23.02 万头，其他约 12.27 万头。

据 1987 年出版的《广西家畜家禽品种志》介绍，富钟水牛 1981 年在原产地富川、钟山两县的存栏数为 5.74 万头；富川、钟山两县 2003 年统计的存栏数为 12.30 万头（富川 5.99 万头，钟山 6.31 万头），20 年间增长了一倍多，增长率为 114.32%。但 2018 年两县存栏数则出现大幅减少，据 2018 年统计，富川、钟山两县共存栏水牛 3.18 万头（富川 1.43 万头，钟山 1.75 万头），其中可繁母牛 1.81 万头（富川 0.77 万头，钟山 1.04 万头），占存栏总数的 56.86%。

三、体型外貌

体型　富钟水牛具有体格高大、结构紧凑、发育匀称、性情温驯、四肢发达、行动稳健、繁殖性能高等特点。

毛色　被毛较短，密度适中，有灰黑及石板青两种颜色，其中以灰黑为主。颈下胸前大部分有一条新月型白色冲浪带，有两条者极少，另有小部分无颈下冲浪带。颈下咽喉部有部分有一条新月形白带。下腹部、四肢内侧及腋部被毛均为灰白色。部分牛腹下有一条半圆淡黄色带。

头部 头大小适中,公牛头粗重,母牛头清秀略长。角根粗,大部分为方形,少数为椭圆形,角色为黑褐色;公牛角较粗,母牛角较细长。角型主要为小圆环、大圆环、龙门角3种,其中小圆环居多,其次为大圆环。嘴粗口方,鼻镜宽大、黑褐色。眼圆有神,稍突。耳大而灵活,平伸,耳壳厚,耳端尖。母牛额宽平,公牛额稍突起。下嘴唇白色,上嘴唇两侧各有约拇指大小白点一个,部分牛眼睑下方有双白点。

颈部 头颈与躯干部结合良好,颈宽长适中。公牛颈较粗,母牛颈较细长。

躯干部 背腰宽阔平直,前躯宽大,肋骨开张,尻部短稍倾斜。公牛腹部紧凑,形如草鱼腹;母牛腹圆大而不下垂。无肩峰、无腹垂、脐垂,胁部皮肤及毛色逐渐淡化。公牛体格高大,前躯较发达;母牛则发育匀称,后躯较发达。乳房质地柔软,乳头呈圆柱状,长约3 cm,距离较宽,左右对称。乳房绝大部分为粉红色,只有极少部分为黑褐色。公牛睾丸不大,阴囊紧贴胯下,不松垂。

尾部 富钟水牛尾短而粗,不过飞节,尾帚较小。

四肢 四肢粗壮,前肢正直,管粗而结实,后肢左右距离适中,大部分后肢弯曲呈微"X"状(飞节内靠)。蹄圆大,蹄壳坚实,蹄色黑褐色,蹄叉微开,少部分牛蹄呈剪刀形。2004年10月,广西壮族自治区水牛研究所、富川瑶族自治县水产畜牧兽医局、钟山县水产畜牧局对30头成年公牛和154头成年母牛的体尺体重测定,公牛平均体高为128.8 cm,体重482.3 kg,最高为659 kg;母牛则体高为125.2 cm,体重453.8 kg,最高为623 kg。

富钟水牛

四、品种保护与研究利用现状

采用保护区保护。2007 年设立富钟水牛国家级畜禽遗传资源保护区。富钟水牛 1987 年被列入《广西家畜家禽品种志》，2000 年列入《国家畜禽品种保护名录》，2006 年列入《国家畜禽遗传资源保护名录》。

富钟水牛未进行过生化或分子遗传测定，亦未建立品种登记制度。

在 20 世纪 60 年代末和 70 年代初，为提高富钟水牛的牛群质量，开展了本品种提纯复壮工作，办起富川县种畜场，建立富钟水牛母牛繁殖核心群 50 头，为乡镇村提供优良种水牛，为全县开展本品种选育，提高牛群质量，起到了一定的作用。到 80 年代中期，因经费问题种畜场转产种果树。

2002 年由富川县畜牧水产局起草制定了富钟水牛地方标准，由自治区质量技术监督局批准发布，标准号：DB 45/T 44—2002。

五、对品种的评价和展望

富钟水牛结构匀称，结实紧凑，性情温驯，行动稳健有力，繁殖性能尤为突出。母牛后躯发达，乳房结构良好，泌乳潜力较大，是较好的杂交改良母本。中心产区应通过建立保护区、加强选种选配等，以提高富钟水牛的各项生产性能。在非中心产区可适当进行杂交改良，进一步发展成为乳肉兼用型水牛。濒危程度为无危险等级。

富钟水牛具有体质健壮、耐粗饲、抗病力强、生长发育快、繁殖性能好、肉质鲜嫩等优点，且具有较强的适应能力和抗逆性，能适应当地低丘山天然草场，在很少精料补饲的情况下，牛生长发育和繁殖以及役用性能均正常，无论是酷暑（≥ 35℃）或严寒（≤ 0℃）或刮风下雨，能正常行走放牧。使役灵活、温驯，合群能力较强。据历年资料统计，牛的发病率不超过 0.5%，但体内外寄生虫较多，未发现口蹄疫、牛出血性败血症等传染病。

西林水牛

一、一般情况

西林水牛（Xilin buffalo），役肉兼用型。西林水牛为中国 13 个地方优良水牛品种之一。

（一）中心产区及分布

西林水牛属沼泽型水牛品种，中心产区在广西西林县，主要分布在西林、田林、隆林等县，毗邻的云南省广南县、师宗县、贵州省的兴义市也有分布。

（二）产区自然生态条件

西林水牛中心产区西林县位于广西最西端，地处云贵高原边缘，位于东经 104° 29′ ~ 105° 30′，北纬 24° 1′ ~ 24° 44′，是滇、黔、桂三省（区）的交汇处，全县平均海拔 890 m。县境土地辽阔，全县总面积为 3 020 km²，土山面积占 93.7%，现有宜牧草山 1 000.05 km²，宜牧疏残林地、灌木林 306.68 km²。全县境内河流纵横，清水江、南盘江流入县境北部，驮娘江横贯中部，南部有西洋江，山间溪水长流。土地肥沃，农作物种植以水稻、玉米为主，经济作物有甘蔗、豆类、薯类，农副产品丰富。植被种类也很丰富，主要牧草有须芒草、野古草、扭黄茅、龙须草、马唐、刚秀竹、吊丝草与狗尾草等，覆盖率达 79%。这些条件都极有利于水牛的生长繁殖。

属亚热带季风性气候区，雨热条件好，气候温和，雨量充沛，雨热同季。中心产区极端最高气温为 39.1℃，极端最低气温 –4.3℃，年平均气温 19.1℃（16 ~ 21℃），平均日照 1 400 ~ 1 800 h，年均积温 5 400 ~ 7 300℃。全年无霜期达 310 ~ 340 d。平均降水量为 900 ~ 1 300 mm。西林水牛产地的全年平均干燥指数为 67.6，为湿润地区。受季风气候影响，季节变化明显，年平均风速 3.1 m/s，最大风速每秒达 8 m。年平均相对湿度为 76%，每年 3—4 月分别增至 80% 和 83%，9 月后相对湿度降至 68% 左右。

西林水牛原产地处处是深山，山山有水，境内溪河密布，仅西林县就有大水河溪 295 条，分属南盘江水系和右江水系，其中驮娘江穿越西林县城而过，流经 3 个乡域，贯经县域长 143 km，水能开发量 2.5 万 kW，此外，流量较大的江还有南盘江、清水江、西洋江，四江共贯经县域长 233 km。清水江、南盘江流入西林县境北部，南部有西洋江，构成全县灌溉系统较好的天然条件。加上水利设施、山塘水库及地头水窖较为配套，水资源丰富。土质属沙页岩或石灰岩形成的碳酸盐红黏壤土为主，pH 值 6.2 ~ 6.7，有机物质含量 1.6% ~ 2%。地形地貌主要以土山为主，土壤以山地红壤土为主，类型有水稻土、红壤、黄壤、石灰土、冲积土 5 类。

西林水牛主产区西林、田林两县土地面积 8 597km²（西林 3 020 km²，田林 5 577 km²）。其中耕地 498.37 km²，占总面积的 5.8%；林业用地 5 808.64 km²，占总面积的 67.6%；牧业用地 1 873.2 km²，占总面积的 21.8%；荒地、水域和其他特殊用地 412.45 km²，占总面积 4.8%。

产区耕作制度主要为一年两熟，耕作方式主要有"水稻—水稻—菜（绿肥、冬小麦等）""玉米—玉米（甘薯、木薯等）""大豆（花生）—甘薯（木薯）"等。作物种类主要是水稻、玉米为主，其他的还有甘蔗、大豆、花生、甘薯、木薯、小麦等。

二、品种来源及发展

（一）品种来源

桂西山区人民养牛历史悠久，据宋代田西县志记载："饮酒及食牛、马、犬等肉""殷实遗嫁并胜，以使婢女、牛、马……"西林水牛产区属于高原山地，植被资源丰富，产区农作物以水稻、玉米为主，习惯用水牛耕田，自繁自养。由于当地水田土壤的黏性大，犁耙等耕作工具都很粗重，所以要选留大牛耕田。

在长期的生产和生活实践中，当地群众总结出一套选种经验：公牛要求雄性强，"三大"（眼大、蹄圆大、尾根粗），四肢正，胸宽深，臀部肌肉丰满，身上旋毛以着生在肩胛者为佳。

由于自然生态环境条件的影响和当地社会经济活动，经过长期的自然驯养和人工选择，逐步形成了今天的西林水牛。

（二）群体规模及数量消长

2006年年底，广西畜禽家畜遗传资源社会分布情况统计，广西西林水牛存栏总数约40万头（西林、隆林、田林约占37.8%），其中成年公牛约4.7万头，成年母牛约18.6万头，其他约16.7万头。

据1987年出版的《广西家畜家禽品种志》介绍，西林水牛1981年在主产区西林、田林、隆林三县的存栏数为5.93万头。2006年统计西林、田林两县西林水牛总数约为14.8，20年间增长1倍多。2004年年底统计，西林、田林两县西林水牛存栏数为12.6万头，其中母牛总数10.3万头，占存栏总数的81.7%，其中能繁母牛6.6万头，占52.4%；公牛总数2.3万头，占存栏总数的18.3%，其中成年种公牛0.4万头，占3.2%；种公牛与能繁母牛的比例为1：16.5。

西林水牛的繁殖基本上以本品种纯繁为主，杂交改良数量很少，加上成年种公牛严重不足，近交、回交现象严重，体尺、体重均比20年前有所下降，目前已出现严重的退化现象。

三、体型外貌

体型 西林水牛属高原山地型水牛，体格健壮较高大、结构紧凑、发育匀称，四肢发达、粗壮有力，身躯稍短，后躯发育稍差。

毛色 被毛较短，密度适中，基本以灰色为主，少数为灰黑色，另有少部分为全身白色。颈下胸前大部分有一条新月形白色冲浪带，有两条者极少。部分牛颈下咽喉部有一条新月形白带。下腹部、四肢内侧及腋部被毛均为灰白色。

头部 头大小适中，头型长窄，公牛头粗重，母牛头清秀略长；角根粗，大部分为方形，少数为椭圆形，角色为黑褐色；公牛角较粗，母牛角较细长；角型主要为小圆环、大圆环两种，其中以小圆环居多；嘴粗口方，鼻镜宽大、黑褐色居多，只有少数白色水牛的鼻镜为粉红色；下嘴唇白色，上嘴唇两侧各有约拇指大小白点一个（即常说的"三白点"）；眼圆有神，稍突；耳大而灵活，平伸，耳壳厚，耳端尖；母牛额宽平，公牛额稍突起。部分牛两眼眼睑下方有白点。

颈部 头颈与躯干部结合良好，颈宽长适中。公牛颈较粗，母牛颈较细长。

躯干部 背腰平直，前躯宽大，肋骨开张，尻部稍短、斜尻。身躯较短，前躯发达，后躯发育较差，为役用体型。公牛腹部紧凑，形如草鱼腹；母牛腹圆大而不下垂。无肩峰、无腹垂、脐垂，胁部皮肤及毛色逐渐淡化。母牛乳房不够发达，乳头呈圆柱状，长约 3 cm，距离较宽，左右对称。乳房绝大部分为粉红色，另有极少部分为黑褐色。公牛睾丸不大，阴囊紧贴胯下，不松垂。

尾部 西林水牛尾短而粗，达飞节上方，尾帚较小。

四肢 四肢粗壮，前肢正直，管粗而结实，后肢左右距离适中，大部分后肢弯曲呈微 "X" 状（飞节内靠）。蹄圆大，蹄壳坚实，蹄色黑褐色，蹄叉微开。除白牛外，四肢下部均有一小白块，即俗称的 "白袜子"。

2005 年 10 月，广西壮族自治区水牛研究所、西林县水产畜牧兽医局、田林县水产畜牧兽医局对 35 头成年公牛和 151 头成年母牛的体尺体重测定，公牛平均体高为 124.8 cm，体重 433.5 kg，最高为 474 kg；母牛则体高为 118.3 cm，体重 379.3 kg，最高为 524 kg。

西林水牛

四、品种保护与研究利用现状

西林水牛未进行过生化或分子遗传测定，亦未建立品种登记制度。

为提高西林水牛的牛群质量，在 20 世纪 60 年代末和 70 年代初，开展了本品种提纯复壮工作，80 年代至 90 年代初，在主产区西林、田林等县进行种公牛的饲养评比鉴定，并对优秀种公牛饲养人员进行表扬及奖励，从而使牛群质量得到了明显提高。后来由于种种原因，提纯复壮工作停顿下来，从而使西林水牛又出现了近亲繁殖及品种退化的现象，应引起有关方面的注意。

2002 年 6 月广西发布了西林水牛地方标准（DB 45/T 40—2002）。2011 年 9 月，西林水牛获得农产品地理标志登记。西林水牛 1987 年收录于《广西家畜家禽品种志》，1988 年收录于《中国牛品种志》，2000 年列入《国家畜禽品种保护名录》，2006 年列入《国家畜禽遗传资源保护名录》。

五、对品种的评价和展望

西林水牛结构匀称，体格粗壮，四肢强健，性情温驯，役用性能好，耐粗饲，抗病力强、生长发育快、繁殖性能好、肉质鲜嫩，善爬山，适应性和抗逆性强，遗传性能稳定，役用性能良好，在四季放牧条件下，生长发育和繁殖性能良好，能适应我国南方高寒山区及桂西地区的高温、高湿气候，能适应当地高原山地型草场，在很少精料补饲的情况下，牛生长发育和繁殖以及役用性能均正常，无论是酷暑（≥ 35℃）或严寒（≤ 0℃）或刮风下雨，能正常行走放牧。使役灵活、温驯，合群能力较强，是广西优良的地方良种水牛品种。据历年资料统计，牛的发病率不超过 0.5%，但体内外寄生虫较多，未发现口蹄疫、牛出血性败血症等传染病。

长期以来，西林水牛缺乏科学、系统的保护和品种选育，虽无濒危危险，但造成了主产区西林水牛逐渐退化，个体间差异较大，生产性能下降。为了更好地保护和发挥西林水牛的品种优势，在中心产区应通过建立保护区、加强选种选配等，以提高西林水牛的各项生产性能。在非中心产区可适当进行杂交改良，进一步将西林水牛发展成为乳肉兼用型水牛。

隆林黄牛

一、一般情况

隆林黄牛（Longlin cattle）在特定的环境条件下经过长期风土驯养、选育和培育成为役肉兼用型黄牛品种，是广西优良地方黄牛品种之一。1987年载入《广西家畜家禽品种志》，2004年载入《中国畜牧业名优产品荟萃》。

（一）中心产区和主要分布

隆林黄牛中心产区在广西壮族自治区隆林各族自治县境内，繁殖中心又以该县的德峨、猪场、蛇场、克长、龙滩、者保等乡、镇为主。分布产区在西林和田林县等境内，并逐步扩展到毗邻的云南省广南、师宗县及贵州省的兴义市等地，该品种的数量已形成一定的规模。

（二）产区自然生态条件

隆林各族自治县位于广西西北部，东经104°47′~105°41′，北纬24°24′~25°，海拔380~1 950.8 m，属云贵高原东南部边缘，地势南部高于北部，由于境内河溪流的强烈切割，形成了无数高山深谷。受地形的影响，产区各地降水量差异大，高山的降水量比谷地多，而谷地则少雨干燥，降水量南多北少，降水量的差异在冬季更为明显。据近十年的统计，年降水量在1 023~1 599 mm，年平均降水量为1 157.9 mm。主产区隆林各族自治县全年干燥指数75.41，属于低纬度高海拔南亚热带湿润季风气候区，南冷多雨，北暖干旱，"立体气候"和"立体农业"特征明显。

隆林各族自治县占地总面积3 552.96 km²，地貌结构分为溶岩区和非溶岩区，石山区占1/3。该县地表植被比较好，土壤以山地红壤土为主，类型有水稻土、红壤、黄壤、石灰土、冲积土5类。土壤呈酸性（pH值5~6），土层具疏松、深厚、潮湿、肥沃的特征，水源较为丰富，境内河流属珠江流域西江水系。境内林牧荒山荒地较多，自然地理环境宜各种林木、牧草的生长繁殖。境内生长有肥牛树、任豆树、构树、白树、季石榴等豆科灌木和谈竹叶、秋树叶、牛筋草、狗尾草、五节芒等禾本科牧草共 80 余种。

种植业以旱地作物为主，种有玉米、稻谷、小麦、大豆、甘蔗、薏米、瓜菜类等，大部分农作物耕作制度为一年一作。近年来稻田的耕作以中稻加冬种作物为主，旱地以种植玉米加冬季种作物（油菜、豌豆、蚕豆、小麦）或烟叶加冬种作物及间种套种（玉米间种套种大豆、瓜菜类等）为主。

隆林各族自治县是广西较边远的山区少数民族县，交通尚欠发达，本地黄牛的杂交改良工作开展比较缓慢。该地区的壮族居住区域（主要为地势较平缓和交通方便区域）水牛饲养量较黄牛多，而高寒山区的苗、彝等少数民族则以黄牛为主，一般坡度在 45° 以下均可用黄牛耕地。

二、品种来源及发展

（一）品种来源

隆林黄牛形成历史悠久，该品种是在喀斯特地貌环境和植物群落条件下，经过长期风土驯化、选育而形成的广西优良地方黄牛品种，是较理想的役肉兼用黄牛品种。产区隆林、西林和田林县的壮、苗、彝、仫佬族等少数民族，历代都有饲养隆林黄牛的习惯，并有杀牛兴办红白喜事的民间风俗。因此，隆林黄牛的形成，除了独特的自然环境和生态条件影响外，其适应性强，疾病少，易于饲养，肉质细嫩，营养丰富，味道鲜美，深受消费者欢迎，发展和利用潜力较大。

（二）群体规模和数量消长

隆林县长期以来都重视养牛业的发展，并把饲养黄牛作为当地人民经济增收的一大产业支柱，使得黄牛饲养量由少到多，规模由小到大。2003 年年底据主产区隆林各族自治县统计，黄牛的存栏总数为 7.31 万头。其中公牛存栏数为 3.16 万头，用于配种成年公牛 1.25 万头，配种公牛占当年黄牛存栏总数的 17.0%，其他小公牛 1.91 万头，公牛总数占当年黄牛存栏总数的 43.3%。母牛存栏数为 4.15 万头，其中能繁母牛 2.41 万头，占当年黄牛存栏总数的

32.9%，其他小母牛 1.74 万头，母牛总数占当年黄牛存栏总数的 56.7%。种公牛和种用母牛比例为 1：1.9。

根据产区 3 个县统计结果表明，1985—2004 年，隆林黄牛品种（含 2 个分布产区县）饲养量得到稳步的发展，从 1985 年的黄牛存栏 8.80 万头发展到 2004 年的 13.03 万头，其中主产区隆林县存栏量为 6.59 万头，占 50.58%，分布产区的西林县存栏 2.18 万头，占 16.73%；田林县存栏 4.26 万头，占 32.69%。比十年前的 1994 年 11.93 万头，增长了 9.22%，详见表 1。另外据统计 2018 年年末主产区隆林、西林、田林三县黄牛存栏量 47 130 头，其中能繁母牛 25 008 头。

表 1　1985—2004 年隆林黄牛存栏情况　　　　　（单位：头）

项目	1985	1986	1987	1988	1989	1990	1991	1992	1993	1994
存栏量	87 982	92 982	99 617	105 016	110 525	115 653	118 773	117 004	117 961	119 311

项目	1995	1996	1997	1998	1999	2000	2001	2002	2003	2004
存栏量	123 849	127 106	131 376	135 186	133 161	126 976	128 510	130 474	128 986	130 264

三、体型外貌

被毛颜色、长短与肤色　2005 年 10 月对隆林、西林等县共 6 个乡、镇广大散养农户牛群进行实地抽样调查，被调查的牛群并不完全是选择最好的牛群，但样本仍然反映了当地牛群的基本情况。该次调查登记 3 岁以上成年公牛，牛群在自然放牧，不补充任何精料的情况下，随机抽样测量登记 3 岁以上的成年公牛 39 头，成年母牛 154 头，调查结果如下。

隆林黄牛的基础毛色以黄褐色为主，公牛占 82%，母牛占 97%，全身被毛贴身短细而有光泽，多数牛全身毛色一致，少量公牛随着年龄的增长，背白带斑线较为明显，也有少量黄牛有晕毛或局部淡化现象。尾梢颜色以黑褐色和蜡黄色为主。鼻镜多为粉肉色和黑褐色，眼睑、乳房为粉肉色。

体型特征　隆林黄牛体型中等，体重大，体型较好，背腰平直，四肢健壮，体躯紧凑、体质结实，全身结构匀称，性情温驯，灵敏活泼，爬山能力强。

头部与颈部　头部大小适中，宽度中等，额平或微凹，头颈与躯干部结合良好。公牛角型以倒"八"字角和萝卜角为主，其中倒"八"字角占 62%，萝卜角占 23%。母牛则以铃铃角（向内弯平角）及倒"八"字角为主，其中铃铃角占 44%，倒"八"字角占 18%，龙门角 14%，其他占 23%。角色以黑褐色及蜡黄色为主，公牛黑褐色占 54%，蜡黄色占 46%。母牛黑褐色占 53%，蜡黄色占 42%。耳型平直、耳壳薄、耳端尖钝而灵活。

躯干 前躯公牛表现为鬐甲较高、宽，肩峰高大，个别牛的肩峰高出鬐甲 19 cm，母牛鬐甲低而平薄，胸部深广，公牛颈垂、胸垂较大，母牛稍小。中后躯特征表现为躯体紧凑，公牛生殖器官下垂，器官顶端周围生长 2 ~ 5 cm 不等的阴毛。母牛乳房较小，质地柔软，乳头呈圆柱状，乳头大如食指，长 3 ~ 5 cm。

四肢 肢势较直，前腿间距较宽，但后腿间窄，少数牛后肢外弧。蹄质细致坚固。蹄色以黑褐色及蜡黄色为主，公牛黑褐色占 51%，蜡黄色占 49%。母牛黑褐色占 52%，蜡黄色占 45%。

尾部 尻部长短适中，但较倾斜。尾型大小适中，尾梢长过后肢关节。

骨骼及肌肉发育情况 骨骼粗细中等，发育良好，肌肉较发达，特别是成年公牛肌肉发育丰满。

体尺和体重 体重按计算公式进行估算。根据这次普查和测量结果，隆林黄牛成年公牛的平均体高 114.1 cm，体重 264.9 kg，与 1979 年比分别下降 4.97% 和 24.46%，成年母牛的平均体高 106.6 cm，体重 221.0 kg，与 1979 年比分别下降 1.20% 和 13.36%，各项体型指标和体重指标与 1979 年相比有下降之势。详情见表 2。

表 2　隆林黄牛在不同时期体尺、体重比较

年份	性别	测定数量（头）	体高（cm）	体斜长（cm）	胸围（cm）	管围（cm）	体重（kg）
1979	公	24	120.5±6.4	131.9±10.2	166.1±10.0	17.4±1.2	350.7±66.0
	母	175	107.9±4.8	118.6±6.7	151.1±8.2	14.6	255.1
2005	公	39	114.1±5.4	120.3±8.3	153.4±9.3	16.3±1.1	264.9±47.0
	母	154	106.6±4.6	114.7±6.6	143.8±7.9	14.0±0.7	221.0±32.1

隆林黄牛

四、品种保护与研究利用现状

1973—1985年，隆林县种畜场曾开展过隆林黄牛的保种和开发利用工作。工作内容是采用保种场和保护区、保护与开发利用相结合原则，加快发展隆林黄牛产业，后来因陈旧落后的生产方式及资金缺乏，先进的选种选育技术没有真正落到实处，保种计划未得到长期而有效的实施。

1958年，隆林各族自治县水产畜牧兽医局开始建立隆林黄牛品种登记制度，当时县级种牛场配备较齐全，档案制度也较完善，且每个乡镇畜牧兽医站都有各个村屯种公牛档案，给当地种牛选育工作带来很大的方便。但进入20世纪90年代后，由于天生桥水库建成蓄水，原场址被水淹没，登记工作基本停止。

近几年，由于当地政府认识到品种资源保护工作的重要性，每年都邀请权威畜牧专家，每年举办1～2次种牛评比活动，通过评分方法选出优秀种牛，发给证书和奖金，部分种牛由县种畜场收购进场进行保护、登记，这些优秀种公牛将承担黄牛的纯繁工作任务。

隆林黄牛地方标准已制定发布，标准号：DB 45/11—1998。2015年7月，隆林黄牛获得农产品地理标志登记。

五、对品种的评估和展望

隆林黄牛既有较强的使役和爬山能力，又有较高的符合山区人民生活需要的肉用性能。隆林黄牛体躯较高大，发育匀称，肌肉发达，性情温驯，耐粗饲，力大耐劳，耐热、耐寒，适应性好，肉质细嫩，屠宰率较高，胴体中肌肉比例大，可向肉、役多用方向发展，通过杂交改良可获更佳的杂交优势。但也存在生长较慢、泌乳量低以及斜尻、四肢姿势欠正的缺点。加上饲养管理较粗放，选种选配工作跟不上，某些生产性能已出现退化的趋势，无濒危等级。

产区应按照新修订的《隆林黄牛标准》要求，加强系统选育选配，对现有种牛进行等级评定，通过开展本品种选育，实行种公牛异地交换，合理搭配公母牛比例，减少近亲概率，达到防止生产性能衰退的目的，并有计划地在非主产区开展黄牛品种改良工作，适当引进一些外来乳肉用黄牛品种与其杂交，以提高隆林黄牛的各项生产性能，逐步向乳肉役兼用方向发展，以满足人民日益增长的物质生活需要。

南 丹 黄 牛

一、一般情况

南丹黄牛（Nandan cattle）在特定的环境条件下选育和培育而成役肉兼用型地方黄牛品种。1987 年载入《广西家畜家禽品种志》，是广西优良地方黄牛品种之一。

（一）中心产区及分布

南丹黄牛中心产区在广西壮族自治区南丹县境内，境内又以中堡、月里、里湖、八圩 4 个乡镇为主。分布产区是在该县的其他 13 个乡镇及相邻的环江县、天峨县、东兰县、金城江区等地，并逐步扩展到毗邻的贵州省边境市县，该品种的数量已形成一定的规模，目前在南丹县六寨镇建立一个两省之间较大的牛市，给双边贸易带来新的生机。

（二）产区自然生态条件

南丹县位于广西西北部，东经 107° 1′~ 107° 55′，北纬 24° 42′~ 25° 37′，地处云贵高原南缘，全境地势为高原至丘陵过渡地带，海拔 800 ~ 1 000 m。全县土地总面积 3 196 km²，中低山地占总面积的 86.3%，坡地 25° ~ 35°，切割深，坡度陡。

南丹县气候条件比较优越，冬无严寒，夏无酷暑，年均日照 1 243h，太阳辐射量 376.2kJ/cm²。年均气温 16.9℃（年最高气温 35.5℃，最低气温 –3.3℃），≥ 10℃的日数为 285 d，无霜期为 291 d，年均降雨量为 1 477.4 mm，干燥指数为 97.40，相对湿度为 81.9%，每年夏季为雨季，属亚热带山地湿润季风气候地区。

南丹县因山坡自然形成的大大小小的山川汇成不同的河流共 11 条，全长共 5 842 km。全县还建成大小水库 23 座，水资源十分丰富。土壤以黄壤土、红壤土、石灰土和紫色土为主，土质属火山沉积灰层土，地下蕴藏丰富的有色金属矿土，一般表土层厚为 5～25 cm，土层厚为 10～100 cm。约有 5.33 万 hm² 草山以黄土为主，有机质和钙质丰富，光、热、水肥条件好，适宜牧草生长。

全县土地面积 39.16 万 hm²，其中耕地面积 1.7 万 hm²，人均耕地面积 0.063hm²，属人多地少的贫困山区县。有森林面积 6 万 hm²，已放牧和宜牧草山地面积 7.958 万 hm²，其中可利用草地面积 4.67 万 hm²。

全县境内地势为高原至丘陵地段地带，农作物品种主要有水稻、玉米、小麦、大豆、芸豆、油菜等。夏季主要种植水稻、玉米，由于日照时间较短，一年只能种植一作。冬季北部乡镇种植少量小麦、油菜等农作物品种。

二、品种来源及发展

（一）品种来源

南丹黄牛原产于广西西北部石山区少数民族的南丹县境内，在当地少数民族长期自然选择和人工选择及商品贸易的促进中形成，历史悠久。产区南丹等县的壮、瑶、苗、彝、仫佬等少数民族，历代都有饲养黄牛的习惯，并有杀牛兴办红白喜事的民族风俗。黄牛一般用来使役，在山地耕作灵活、耐力强。因此，南丹黄牛的形成，除了独特的自然环境和生态条件影响外，其爬坡能力强、适应性好、易于饲养、肉质细嫩、营养丰富、味道鲜美，深受当地人民和广大消费者欢迎，发展和开发潜力十分广阔。

随着交通、通信技术的发展，当地人民市场经济观念的更新，黄牛已从单一的耕作使用逐步走向市场，成为当地人民脱贫致富的有效途径之一。近年来，主产区黄牛年销售量均在 2 000 多头，产品主要销往云南、贵州、广东及广西各地。

（二）群体规模和数量消长

据 2004 年年底统计，南丹黄牛品种存栏量为 15.28 万头，其中主产区南丹县黄牛存栏量为 5.04 万头，占 33.0%，分布区的天峨县存栏量为 3.10 万头，占 20.3%；环江县存栏量为 6.64 万头，占 43.5%；金城江区存栏量为 0.49 万头，占 3.2%。

据南丹县 2004 年年底统计：公牛存栏数为 2.0 万头，用于配种成年公牛 1.33

万头，种公牛在全群中占 26.5%，小公牛 0.67 万头。公牛占当年黄牛存栏总数 39.8%。母牛存栏数 3.03 万头，其中能繁母牛 2.02 万头，占全群 40.2%，小母牛 1.01 万头。母牛占当年黄牛存栏总数 60.2%。种用公牛和能繁母牛比例为 1：1.5。

根据产区三县一区 1985—2004 年黄牛存栏情况统计结果表明，1994 年开始牛群数量增加迅速，黄牛存栏最高时期分别在 1998 年和 2004 年，黄牛存栏数达 15 万头以上。2004 年年底存栏 15.28 万头，比 1985 年年底存栏 7.75 万头提高了 97.2%，详见表 1。

表 1　1985—2004 年黄牛存栏情况　　　　　　　（单位：头）

项目	1985	1986	1987	1988	1989	1990	1991	1992	1993	1994
存栏量	82 014	84 997	88 544	93 828	96 015	103 633	107 281	110 460	116 489	123 371

项目	1995	1996	1997	1998	1999	2000	2001	2002	2003	2004
存栏量	130 739	139 554	143 692	151 324	148 711	139 673	133 321	138 636	136 148	152 769

由于养牛业是产区传统农业，是经济收入的重要来源。近几年来，当地政府高度重视养牛业的发展，群众养牛积极性高，加上南丹黄牛历来都是以混群自然放牧，本品种自然交配为主。因此，牛群繁殖率高，死亡率低，使得养牛业得到稳步发展，牛群存栏数明显提高。据统计，2018 年年末主产区三县一区黄牛存栏量 8.92 万头（其中，南丹县 2.24 万头、天峨县 3.42 万头、环江县 1.91 万头、金城江区 1.36 万头），其中能繁母牛 3.01 万头（其中，南丹县 1.07 万头、天峨县 0.89 万头、环江县 0.98 万头、金城江区 0.08 万头）。

三、体型外貌

被毛颜色、长短与肤色　2005 年 6 月，对南丹、天峨两县共 6 个乡镇广大散养农户牛群进行实地抽样调查，由于在调查期间正是当地的雨季时期，调查途中交通受阻，被抽调的牛群并不全是选择最好的牛群，但仍然可代表当地牛群的基本情况。该次调查登记 3 岁以上成年公牛 41 头，成年母牛 153 头，其结果是：南丹黄牛基础毛色以黄褐色或枣红色为主，多数牛全身毛色一致。据 41 头公牛和 153 头母牛统计，公牛黄褐色或枣红色占 73%，其他占 27%。母牛黄褐色或枣红色占 92%，其他占 8%。四肢下部为浅黄或黑褐色，少量牛有背线，特别是年长的公牛较为多，尾帚毛多为黑色，间有呈蜡黄色，毛细短而直且有光泽，少量有晕毛和局部淡化。尾梢颜色以黑褐色和蜡黄色为主。鼻镜多为黑褐色和粉肉色为主，其中公牛黑褐色占 73%，粉色占 22%，其他占 5%；母牛黑褐色占 88%，粉色占 11%，其他占 1%。眼睑、乳房为粉肉色。

体型　南丹黄牛体型中等、体型结构较好、背腰平直、四肢健壮、体躯紧凑、体质结实、全身结构匀称、性情温驯、爬山灵活而有力。

头部与颈部　头较宽短，公牛头雄壮，母牛则较清秀，额宽平，眼大而明亮敏锐，鼻梁狭而端正，鼻镜与口唇较大。角的形状以倒"八"字居多，公牛倒"八"字约占 93%，角长度在 13 ～ 24 cm 不等，母牛角的形状比较多，倒"八"字角占 53%，小圆环占 18%，铃铃角占 16%，其他占 13%，但角型明显短小，松动的角罕见。角色以黑褐色为主，其中公牛角黑褐色占 61%，蜡黄色占 17%，黑褐纹占 22%。母牛角黑褐色占 85%，蜡黄色占 10%，黑褐纹占 5%。公牛颈粗厚重，母牛颈部较轻薄，头颈与躯干部结合良好。耳型平直、耳壳薄、耳端尖钝而灵活。

躯干　前躯特征公牛表现为鬐甲高厚，肩峰高达 10 ～ 15 cm，肩长而平，母牛肩峰则不明显或较低而平薄。胸部较深宽，公母颈垂都较发达，胸垂较小。中后躯特征表现为背腰平直、略短，腰角突出，尻形短斜，臀中等宽。母牛乳房较小，质地柔软，乳头呈圆柱状，乳头大如钢笔套，长 3 ～ 4 cm，乳静脉不够显露，少数母牛的乳房上着生稀毛。公牛阴囊颈短，生殖器官顶端周围长有 2 ～ 5 cm 长度不等的阴毛。

四肢　肢势一般正直，前腿间距较宽，但后腿间窄，少数牛后肢外弧。蹄质细致坚固。蹄色以黑褐和蜡黄色为主，其中公牛黑褐色占 83%，蜡黄色占 15%，黑褐纹占 2%；母牛黑褐色占 93%，蜡黄色占 7%。

尾部　尻形短斜，臀中等宽。尾根大小适中，尾端长过后肢飞节。

体尺和体重　根据这次普查和测量结果，南丹黄牛公牛的平均体高 109.3 cm，体重 248.1 kg，与 1979 年调查结果相比，分别下降 10.70% 和 30.17%，母牛的平均体高 104.9 cm，体重 211.4 kg，与 1979 年比分别下降 5.24% 和 18.91%。因此，南丹黄牛个体的体重、体型指标都有下降之势，详见表 2。

表 2 南丹黄牛在不同时期体尺、体重比较

年份	性别	测定数量（头）	体高（cm）	体斜长（cm）	胸围（cm）	管围（cm）	体重（kg）
2005	公	41	109.3±6.5	120.1±11.0	147.8±12.5	16.0±1.6	248.1±61.0
	母	153	104.9±5.1	117.3±8.7	139.2±6.9	13.8±1.4	211.4±32.0
1987	公	25	122.4±6.7	140.3±6.6	168.5±10.6	17.8±0.9	355.3±60.4
	母	150	110.7±3.7	121.8±4.3	153.9±5.8	15.4±1.0	260.7±30.3

南丹黄牛体型中等，体态匀称，结构紧凑，为广西较为理想的役肉兼用品种之一。

四、品种保护与研究利用现状

据南丹县水产畜牧兽医局介绍，1970 年，南丹县政府在月里建立了 1 个 300 头南丹黄牛的品种资源保护场，开始进行南丹黄牛的保种选育工作，但由于牛场科研和生产的环境条件还比较差，保种工作进展仍较慢。1977 年，根据河池地区科委下达的"南丹黄牛选育"中试任务，选育工作正式列入计划，到 1981 年历时 4 年的选育工作结束，取得了初步选育效果。到 2003 年南丹县畜牧水产局在大平乡开始建立大平畜牧场，共有 30 多头南丹黄牛核心牛群，开始进行南丹黄牛的保种选育工作，在艰难发展中，核心牛群发展到 70 多头，但也受到经费不足等条件限制，保种工作难以开展。2004 年，该场转由个体户承包，但牛群已改变原有的温驯性情而成了野牛，要抓只有用枪去打才能抓到的地步，2006 年以经营不下而告终。

1999 年，南丹县提出了大力发展种草养牛，实施以养殖黄牛为主的养殖计划。为了保护本地黄牛品种资源，防止退化，近几年来，全县每年举行一次黄牛种公牛选秀评比活动，通过评比活动，提高了当地群众保护品种资源意识，促进当地畜牧业健康发展，全县由乡、镇畜牧兽医站建立村级种公牛档案，以便掌握全县种公牛分布情况。2004 年，全县共登记优秀种公牛 120 头，为该品种资源保护及纯繁工作提供便利的条件。

南丹黄牛地方标准已制定发布，标准号：DB 45/T 48—2002。2016 年 3 月，南丹黄牛获得农产品地理标志登记。

五、对品种的评估和展望

南丹黄牛产于温湿山地，经当地人民长期选育和风土驯化，具有性温驯、耐粗饲、耐热、耐寒、疾病少、适应性好、体型紧凑、攀爬能力强、役力好、遗传性能稳定等优点。其肉质细嫩、肉味鲜甜，深受广大消费者的青睐。但体躯短狭，生长较慢，产奶性能低，亟待努力改进。

产区应按照《南丹黄牛》标准要求，加强系统选育选配，对现有种牛进行等级评定，通过开展本品种选育，实行种公牛异地交换，合理搭配公母比例，减少近亲概率，以逐步提高南丹黄牛的各项生产性能。建立保种基地，把中堡、月里等乡划为品种保护区与其他品改区严格分开，实行本品种选育，以达到提纯复壮和自然保种的目的。同时在非中心区可适当进行杂交改良，进一步发展成为乳肉兼用型黄牛。

南丹黄牛

涸洲黄牛

一、一般情况

涸洲黄牛（Weizhou cattle）是广西优良的役肉兼用型地方黄牛品种之一。

（一）中心产区及分布

涸洲黄牛的中心产区是广西北海市的涸洲和斜阳两岛，2003 年存栏 1 803 头。北海市的合浦县、银海区、铁山港区也有少量分布。

（二）产区自然生态条件

涸洲岛位于东经 109° 1′，北纬 21° 15′，在北海市东南 36 海里（1 海里约合 1 852 m）的北部湾北部，是中国最大、最年轻的火山岛，海拔高度 79.6 m。地貌类型为海岛台地，呈半月形，从南向北倾斜。面积 24.74 km²。年平均气温为 22.9℃，最高是 7—8 月，平均 28.5℃，最低是 1 月，平均 15.2℃。年平均降水量 1 287.1 mm，年平均光照 2 198.7 h，全年无霜。全年干燥指数 66.95，属南亚热带湿润季风气候区。岛上无河流，水源来自雨水、地下水，有小型水库 1 座，靠水库灌溉。土质属火山沉积灰层土，主要有黏壤土、沙土、沙壤土、壤土。2003 年岛上使用耕地面积 13 965 亩，林地 8 700 亩，宜牧草地 15 600 亩。岛上主要种植的农作物有水稻、玉米、甘蔗、花生、木薯、甘薯、香蕉等。由于岛内日照时间长、气候温和，水稻一年两熟或三熟，其他农作物一年两熟。宜牧草地属台地灌木丛类和农隙地草地，有蛋白质含量较高的银合欢灌木林。禾本科牧草主要有刺芒野古草、狗牙根、纤毛鸭嘴草、铺地黍、马唐草、臭根子草、牛筋草等。农作物秸秆如稻草、玉米秆、花生藤、甘蔗尾叶、芭蕉秆叶等饲料资源也十分丰富。

涸洲黄牛的形成与该岛的自然生态条件和人们长期驯养、选育关系密切。

涠洲黄牛除供岛内人们役用、肉食外，也受到岛外人们的青睐，不断有人前往购买饲养或屠宰。

二、品种来源及发展

（一）品种来源

涠洲黄牛是从岛外迁移到岛内经驯化、选育而形成。据《涠洲大事记》的记载：1662 年，清初，厉行海禁。1806—1807 年，清朝统治者以盗匪出外抢劫多居于涠洲为借口，再次厉行海禁，强迁岛上居民至雷廉各郡（即今雷州半岛和合浦等县）。1810 年，清政府经常派兵船来往搜查，涠洲遂为荒岛。1821—1850 年，遂溪、合浦等地贫苦百姓百余人，因生活困难，偷渡涠洲，从事渔、农业生产。史实资料证明，涠洲岛开发于一百多年前，岛上居民多从雷州半岛和合浦县迁入，耕牛也随着移民带往该岛，可见涠洲黄牛来源于雷州半岛及合浦县一带。

（二）群体规模和数量的消长

2003 年，主产区涠洲、斜阳两岛涠洲黄牛存栏 1 803 头，其中成年公牛（内有 43 头种公牛）237 头，占存栏总数 13.1%，阉割公牛 328 头，占 18.2%。成年母牛 716 头，占 39.2%。中、小牛 522 头，占 29.0%。牛群分布涠洲岛占总数的 96%，斜阳岛占 4%。2018 年，涠洲、斜阳两岛涠洲黄牛存栏量 1 020 头。设于合浦县石康镇的涠洲黄牛保种场存栏量 210 头，其中能繁母牛 53 头。

涠洲黄牛从 1981 年（当年存栏 1 892 头）起曾缓慢增长，1985 年存栏 2 350 头，2000 年存栏达 2 385 头。由于岛上旅游开发，农作物减少，放牧草地、银合欢灌木丛林带减少，牛群存栏量出现下降的趋势，到 2004 年存栏 1 803 头，其濒危程度尚处于维持。

三、体型外貌

2004 年 10 月，在全国畜禽遗传资源调查期间，广西壮族自治区水产畜牧兽医局组织的涠洲黄牛品种调查组对长期不补精料的涠洲黄牛，实地调查测量 3 岁以上公牛 38 头，成年母牛 173 头。涠洲黄牛毛色多以黑色和黄褐色，公牛黑色占 55%，黄褐色占 45%。母牛黄褐色占 73%，黑色占 27%。腹下及四肢下部颜色较浅，略呈白色，有局部淡化。尾帚为黑色或黑褐色居多。鼻镜黑褐色占 97%，粉色（肉色）占 3%。眼睑、乳房为粉肉色。全身被毛短而细密，柔软而富有光泽。

涠洲黄牛头长短适中，额平。公母牛颈粗短而肉垂较发达，头颈与躯干部结合良好。角基粗圆，多呈倒"八"字，角色多为黑褐色。公牛肩峰明显，平均高达 12.4 cm。母牛不明显。中后躯较深广，胸围较大，背腰平直，肋骨开张。母牛乳房发育良好，乳头匀称。四肢粗壮稍矮，蹄质坚实。尻部稍斜，尾帚长过飞节。体尺、体重见表 1。

表 1　涠洲黄牛体尺、体重

性别	测定数量（头）	平均年龄（岁）	体高（cm）	体斜长（cm）	胸围（cm）	管围（cm）	体重（kg）
公	38	3.18	112.1±6.5	125.3±8.6	158.7±11.4	16.1±1.0	295.8±59.0
母	173	5.37	104.3±4.3	118.2±6.2	148.5±8.8	13.8±0.8	242.9±37.0

四、品种保护与研究利用现状

20 世纪 80 年代开始，北海市将涠洲岛列为涠洲黄牛重点保护区，建立核心群，牛群约 2 000 头。80—90 年代，当地畜牧部门对该品种公牛进行了登记，存档种公牛 60 多头，对涠洲黄牛的纯繁和选育起了很大的促进作用。但近几年随着岛上旅游业的发展，牛存栏量逐年减少，牛群改良的方向有本品种自然交配逐步被用外来品种牛冻精进行杂交改良所替代的趋势。为更好地保护和利用本地黄牛品种，培育适应本地生长条件的优秀肉用黄牛杂交配套系，并对日本和牛 × 涠洲黄牛杂交牛进行生长及屠宰性能等的测定，结果表明：日本和牛 × 涠洲黄牛杂交牛具有适中的生长速度，杂交公牛净肉率达（43.47±3.58）%，母牛净肉率达（38.49±4.21）%。同时，未经阉割和强制育肥的杂交母牛雪花达到 5 级，该杂交组合具有生产雪花牛肉的潜力。

涠洲黄牛 1987 年列入《广西家畜家禽品种志》。2006 年广西壮族自治区质量技术监督局颁布涠洲黄牛地方标准，标准号：DB 45/T 344–2006。2012 年 8 月，涠洲黄牛获得农产品地理标志登记。

五、对品种的评价和展望

涠洲黄牛具有适应性强、耐热、耐粗饲、繁殖率和育成率高、生长迅速、体型饱满、屠宰率高等优点，应在主产区建立保种基地，选育提高。并建立人工草场，营造更好的条件。针对体型较矮小的不足，在非主产区引进外来优良品种开展杂交改良，促进其发展和开发利用，提高涠洲黄牛的经济效益。

涠洲黄牛

百色马

一、一般情况

百色马（Baise horse）是主产于百色地区的一个驮挽乘兼用型的地方品种。百色地区牧地广阔，养马历史悠久。

（一）中心产区及分布

百色马中心产区位于广西百色地区的田林、隆林、那坡、西林、凌云、乐业和百色等县。分布于广西河池地区的东兰、巴马、凤山、天峨、南丹等县，占马匹总数量的 2/3 左右。南宁市的隆安县以及邻近云南省文山壮族苗族自治州的广南县、富宁县、马关县等。

（二）产区自然生态条件

1. 地理环境条件

百色市地处广西西部，北纬 22° 52′ ~ 24° 18′，东经 104° 26′ ~ 107° 51′。西与云南相接，北与贵州毗邻，东与广西壮族自治区首府南宁紧连，南与越南接壤，边境线长达 365 km，是滇、黔、桂三地区的中心城市，是中国大西南通往太平洋地区出海通道的"黄金走廊"。地势自西北逐渐向东南倾斜，属云贵高原东南面的伸延部分，地形复杂，区内构成无数个弧山带，地理上天然形成山多平原少，东南部小丘陵和小盆地较多，海拔 1 000 ~ 1 300 m，高峰达 2 000 m 以上。

2. 气候条件

百色市气候属亚热带季风气候。由于境内大气环流和地形、地貌的复杂多样，光热充沛，雨热同季，夏长冬短，作物生长期长，越冬条件好。太阳辐射总量 405.62 ~ 477.62 kJ/cm^2，年平均日照时数 1 404.9 ~ 1 889.5h ≥ 10 ℃

的年积温 6 230 ～ 7 855 ℃，年平均气温 16.3 ～ 22.1 ℃，最冷月平均气温 10.1 ～ 16.0 ℃，极端最低温度 –5.3 ～ 1.2 ℃，最热月平均气温 35.5 ～ 42.5 ℃。相对湿度 80%（76% ～ 83%），绝对湿度 18.65%（16.4% ～ 21.1%），无霜期 330 ～ 363 d，年平均降雨量 1 113 ～ 1 713 mm，雨季在 5—9 月，降水量可达年降水量的 80% 以上，冬春少雨，春旱明显。

3. 水源及土质

百色地区水资源极为丰富，主要有右江和南盘江，水资源总量约为 216 亿 m³，可开发利用的水电资源有 600 万 kW 以上，截至 2013 年，已经开发的水电资源 460 多万 kW，是国家"西电东送"基地。该市有土山面积 3 500 多万亩，森林覆盖率达 63.9%；野生动物资源 100 多种，植物资源 2 775 种，其中药用植物 1 200 多种，素有"土特产仓库"和"天然中药库"之称。土壤类型有 7 个土类，19 个亚类，71 个土属、145 个土种，其中以赤红壤、红壤、黄壤、山地灌丛草甸土、石灰（岩）土、紫色土、冲积土、沼泽土和水稻土为主；土壤质地主要是沙土、壤土和黏土。水稻土的熟化程度较好，耕作性能良好，其他种类的土壤土层太薄或太贫瘠。

4. 土地利用情况，耕地及草地面积

2005 年，百色市土地总面积 363 万 hm²，其中山地面积占 98.98%，石山占山地总面积 30% 左右。耕地面积 24.47 万 hm²（包括水田 10.4 万 hm²，旱地 14.07 万 hm²），占土地总面积的 6.7%。森林面积 134.6 万 hm²，占土地总面积的 37.1%，森林覆盖率 55%，喀斯特石山面积 49.9 万 hm²，占土地总面积的 13.8%，草山面积 80 万 hm²，占 22%。

5. 农作物、饲料作物种类及草地面积

农作物有玉米、水稻、甘薯、豆类、小麦，经济作物有油菜、甘蔗、棉花。农业生产条件差，旱地多，水田少，粮食产量不稳定。草山面积 80 万 hm²，植被茂盛，牧草种类繁多，主要有刚秀竹、五节芒、白茅、大小画眉草、石珍茅、水蔗草、马唐、野古草、金茅、斑茅、青香茅、雀稗、拟高粱、臭根子草、甜根子草、棕叶芦、竹节草等 50 多种，覆盖度 60% ～ 80%，鲜草产量每亩达 1 000 ～ 1 300 kg。牧草丰富，有利于草食牲畜的养殖。

6. 品种对当地条件的适应性及抗病能力

百色马适应山区的粗放饲养管理，在补饲精料很少的情况下，繁殖和驮用性能正常，无论是酷暑还是严寒，常年行走于崎岖的山路上。离开产地，也能表现出耗料少、拉货重、灵活、温驯、刻苦耐劳等特点。

7. 近十年来生态环境变化情况

产区气候变化不大，基本在正常范围内。目前，天然草地可利用面积61.33万 hm²，比1985年草地资源调查减少43.2万 hm²，一些放牧地变为甘蔗地或低产果园。草地退化严重，现有667 hm²以上连片的天然草地共27处，总面积2.23万 hm²。目前有人工草地保留面积约1.71万 hm²；有林面积为152.16万hm²，耕地面积24万 hm²，其中，水田8万 hm²，比1985年减少1.19万 hm²。

二、品种来源及发展

（一）品种来源

现在的西南马品种是由西南各族人民的祖先在新石器时代由野马驯养而成的，与北方草原马品种不同源（解得文，1996）。

百色马的历史已近2 000年，在文献和出土文物、房屋装饰和壁画中均有反映。据《田林县志》记载："迎娶时用轿马、鼓锣、灯笼火。"民间有饮酒及食牛、马、犬等肉的习惯。《凌云县志》记载："行之一事，殊感两难，有余之家，常用轿马，畜马一匹。"1972年，百色地区西林县普合村出土的文物鎏金铜骑俑，清康熙时修建的粤东会馆，屋脊上的雕刻壁画绘有许多马俑和骑士。以上史实和文物都说明百色地区养马历史悠久。

产区交通不便，历史上百色至南宁和贵州兴义的往返货物均靠马匹运输。人民世世代代养马用马，对马的选育和饲养积累了丰富的经验。所以百色马是在产区自然条件、社会经济因素的影响下，经劳动人民精心培育而形成的。

（二）群体数量消长

1. 数量变化

根据《中国农业年鉴》的数据，1985—2005年以来，广西马匹数量由20多万匹稳步增长至40万匹左右。百色市是广西马匹的主要产区，百色马的增长速度略低于广西马的增长速度，占广西马匹总数量的比例由过去的2/3下降至 50% 左右，2002—2005 年变化详见表 1。

表 1 百色马群体数量 （单位：匹）

项目	2002 年	2003 年	2004 年	2005 年
年末存栏数	189 122	200 000	201 154	201 497
能繁母畜数	52 415	60 000	61 880	66 359
当年产驹数	21 359	20 000	22 144	24 966

2. 品质变化

百色马在 2005 年测定时与 1981 年的体重和体尺相比，体尺普遍下降（表 2），下降的主要原因是近 20 年来很少开展选育工作，品种保护与选育的重视程度降低。

表 2 1981 年和 2005 年成年百色马体重和体尺变化

年份	性别	匹数	体重(kg)	体高（cm）	体长（cm）	胸围（cm）	管围（cm）
1981	公	79	187.40	114.00	113.90	133.30	15.50
2005		55	172.77	113.97±9.31	114.21±10.86	127.82±11.64	15.08±1.59
1981	母	287	185.29	113.00	115.90	131.40	14.70
2005		242	160.07	109.73±5.4	107.88±14.02	126.59±8.08	13.95±1.42

三、体型外貌

百色马成年体型具有矮、短、粗、壮，结构匀称，四毛（鬃、鬣、尾毛、距毛）浓密等特点，体质干燥结实，整体紧凑。

由于土山地区和石山地区的饲养条件不同，长期以来，百色马逐渐形成了土山马（中型）和石山马（小型）两种类型。土山地区的马较为粗重，石山地区的马略呈清秀（表 3）。

头部短而稍重，额宽适中，鼻梁平直，眼圆大，耳小前竖，头颈结合良好；颈部短、厚而平，鬃、鬣毛浓密；鬐甲较平，肩角度良好；躯干较短厚；胸明显发达，肋拱圆；腹较大而圆；背腰平直；尻稍斜。四肢：前肢直立，腕关节明显，肩短而立，管骨直，姿势端正，后肢关节强大，飞节稍内靠。石山地区的马，后肢多外弧。四蹄较圆，蹄质致密坚实，系长短适中，距毛密而长。尾毛长过飞节，甚至拖地。毛色，据 443 匹马调查结果，骝毛的 242 匹，占 54.62%，沙毛的 62 匹，占 14%，青毛的 25 匹，占 5.64%，其余为斑驳毛、黑毛、褐毛与栗色毛等，占 25.74%。可见百色马以骝毛的居多，占 50% 以上。

表 3　百色成年马体尺、体重

性别	统计匹数	体高（cm）	体斜长（cm）	胸围（cm）	管围（cm）	体重（kg）
公	55	113.97±9.31	114.21±10.86	127.82±11.64	15.08±1.59	176.59±46.94
母	242	109.73±5.4	107.88±14.02	126.59±8.08	13.95±1.42	161.84±34.43

四、品种保护及利用情况

20 世纪 60—70 年代，在扶绥种马场进行了品种保护和本品种选育，并利用卡巴金公马、古粗公马与百色马母马进行杂交。杂种马在体尺、体重乘骑速度和挽拉能力等方面优于百色马。但杂种马体型大，不适于山区饲养与役用。

目前尚未建立百色马保护区和保种场。百色马主要用于驮用、拉车、骑乘，深受农户的喜爱，适于山区饲养；还作为旅游娱乐用马输送至内地旅游区、城郊等。百色马于 1982 年收录于《中国家畜品种志》，1987 年收录于《中国马驴品种志》和《广西家畜家禽品种志》，2000 年列入《国家畜禽品种保护名录》，我国 2009 年 11 月发布了百色马国家标准（GB/T 24701—2009）。

五、对品种的评估和展望

百色马是我国古老的地方马种，具有短小精悍、体质结实、性情温驯、小巧灵活、适应性强、耐粗饲、负重力极强、能拉善驮、持久耐劳、步态稳健等特点，适宜山区交通运输，驮挽性能兼优，并具有一定的速度。

今后应根据市场需求，加快本品种选育，重点提高繁殖性能，向驮挽、驮乘和乘用等方向进行分型选育，尤其要注意培育乘用型专门化品系，以满足儿童骑乘、旅游娱乐用马市场的需求。同时要加强资源保护，划定保护区，建立品种登记制度。

德保矮马

一、一般情况

德保矮马（Debao pony），原名百色石山矮马，是世界稀有的优良品种，是世界上最矮的一种马，据考证它是"果下马"的后代，属于西南马系、山地亚系的一个品种。

经济类型：驮挽乘和观赏兼用型地方品种。

（一）中心产区及分布

德保矮马中心产区为广西壮族自治区德保、靖西等县。在广西的隆林、田林、凌云、乐业等地也有出产。为了培育发展地方良种马，国家在西林县创办了金沙种畜场和畜牧研究所，进行选种、改良和繁殖的研究工作。

（二）产区自然生态条件

1. 地势、海拔、经纬度

德保县属于云贵高原东南边缘余脉，是桂西南岩溶石山区的一部分。地形地貌结构十分特殊复杂，喀斯特半喀斯特地形纵横交错，成土母质以石灰岩、砂页岩为主。位于北纬 23°10′ ～ 23°46′、东经 106°37′ ～ 107°10′，东西长 85.9 km，南北宽 73.2 km，地势呈西北高东南低，西北谷地海拔一般在 600 ～ 900 m，山峰海拔为 1 000 ～ 1 500 m；东南谷地海拔只有 240 ～ 300 m，山峰海拔为 800 ～ 1 000 m。

2. 气候条件

德保县属于南亚热带季风气候，冬不严寒，夏无酷暑，气候温凉，春秋分明，夏长冬短，夏湿冬干，雨热同期。年最高气温 37.2℃，最低气温 -2.6℃，平均气温为 19.5℃；年平均湿度为 77%；无霜期从 1 月下旬至 12 月下旬，平均 332 d；年降水量为 1 463.2 mm，其中降雪仅 0.7 mm；雨季一般为 5—10 月；

年静风占 51%，平均风速 1.1 m/s。

3. 水源及土质

德保县共有大小河流 31 条，其中以鉴河为最大。绝大部分河流分布在东南部，西北部冬春比较干旱。水资源总量为 25.7 亿 m³，可利用水 5 亿 m³。地表水径流年平均深 597.7 mm，年平均径流总量 16.4 亿 m³，其中外来水 1 亿 m³，地下水 9.3 亿 m³。土质情况：砂质岩 130 935.93 hm²，占 36.6%；石灰岩 105 418.87 hm²，占 51.35%；红土母质 9 382 hm²，占 5.2%；洪质母质 1 546.47 hm²，占 1.8%；河流冲积物 1 031 hm²，占 1.7%；花岗岩 1 907.33 hm²，占 0.5%；紫色页岩 824.8 hm²，占 0.01%；硅质页岩 6 701.53 hm²，占 2.4%。

4. 土地利用情况、耕地及草地面积

德保县土地总面积为 2 559.52 km²，其中山地面积 2 217.61 km²，占总面积的 86.60%，耕地 227.63km²，占总面积的 8.89%。耕地中有水田 102.18km²。草地面积 674.41km²。

5. 农作物、饲料作物种类及生产情况

德保县主要农作物种植面积：玉米 14 058 hm²，水稻 11 683 hm²，小麦 619.73 hm²，荞麦 587 hm²，高粱 29 hm²，豆类 6 165 hm²，甘蔗 411 hm²。主要种植的牧草有桂牧 1 号 10.67 hm²，黑麦草 16.67 hm²。

6. 品种生物学特性及适应性

德保矮马是在石山地区的特殊地理环境下形成的遗传性稳定的一个品种。对当地石山条件适应性良好，在粗放的饲养条件下，能正常用于驮物、乘骑、拉车等农活，生长、繁殖不受影响。抗逆性强，无特异性疾病。

7. 近十年来生态环境变化情况

十年来世界银行贷款项目共种植任豆树等 10 万多亩，坡改梯、开展沼气池建设大会战，实行退耕还林，森林覆盖率有所提高，山区石漠化和水土流失状况得到减缓。但随着德保县工业建设的不断加快，在开发建设中不可避免地扰动地貌形态，破坏植被，影响矮马生存，应引起重视。

二、品种来源及发展

（一）品种来源

长期以来在各种不良环境条件下驮役，形成体型结构更显紧凑结实，行动更加方便灵活，性情更加温顺而易于调教等特性的德保矮马。《汉书》及《后汉书》中的描述为："高三尺，乘之可于果树下行"。我国古代矮马，又称"果下马"，始于汉代，因体小可行于果树下而得名。"果下马"见于古书及出土文物，远在西汉时，在广西便有铜铸矮马造型："中间一人骑马，人大马小，周围多人作舞。"广西百色粤东会馆的雕梁中仍可见矮马造型。

1981年，以中国农业科学院王铁权博士为组长的矮马科研组深入研究德保矮马得出，德保矮马的矮小性是以遗传为主因的结论。证实了德保矮马就是"果下马"的后裔。考察组在广西靖西与德保交界处第一次发现一匹7岁、体高92.5 cm的成年矮母马。1981—1985年，王铁权研究员多次考察了广西德保矮马，以后又将调查面扩大到贵州、云南、四川、陕西南部，基本明确了矮马的地理分布。

1986—1990年，以广西德保为基地，结合养马学、生态学、血型学、考古学、历史学多学科进行研究，明确了矮马的矮小性是古老的遗传所形成。农业院校、研究所及中国科学院等单位进行了深入研究，大量数据证实了德保矮马的矮小性是遗传的，是一个东方矮马老马种。中国科学院古脊椎动物与古人类研究所得出矮马是来自一种变异型祖先的推论，是我国汉代史书中所称的果下马的后裔，是中国微型马种。

（二）群体数量消涨

德保矮马除宁夏回族自治区、西藏自治区和中国台湾外，还遍布全国各大中城市。

2003年年底，德保县矮马存栏总数为1 104匹，其中基础母马659匹，成年公马281匹。

1. 数量规模变化

自1981年德保矮马被发现以来，1981—2000年的20年间，社会存栏量呈逐年减少态势，据德保县调查资料和记载，1983年全县矮马存栏数量曾达到2 200匹，但到了2000年，全县仅存栏矮马856匹，减少比例达61.09%。2000年后数量有所回升，到2006年年末，存栏数量为984匹。2017年，德保县矮马农产品地理标志登记保护面积2 571.03km²，矮马存栏7 000多匹。

2. 品质变化

2000年后，随着德保矮马地方标准的制定，保种选育工作的开展，矮马品质有所提高，36月龄以上平均体高为96.52 cm。现已培育出成年体高75～80 cm矮马2匹，81～90 cm 16匹。

3. 濒危程度

德保矮马属濒危。2018年2月12日，农业部正式批准对"德保矮马"实施农产品地理标志登记保护。

三、体型外貌

德保矮马体高较为矮小，体型结构协调，整体紧凑结实、清秀，小部分马较为粗重；头稍显大，后躯稍小，四毛（鬃、鬣、尾、距）浓密，蹄形复杂，毛色有红、黄、黑、灰、白、沙毛及片花等，以骝毛居多。头长且清秀，额宽适中，少数有额星，鼻梁平直，个别稍弯，眼圆大，耳中等大，少数偏大或偏小、直立，鼻翼张弛灵活，头颈结合良好。颈长短适中，清秀，个别公马稍隆起，鬃、鬣毛浓密。鬐甲平直，长短、宽窄适中。胸宽、深，发达。腹圆大，向两侧凸出，稍下垂，后腹上收。背腰平直，前与鬐甲，后与尻结合良好。个别马有明显黑或褐色背线，宽2～3 cm，界线明显清晰。尻稍小，肌肉发达紧凑，略倾斜。四肢端正，前肢直，后肢弓，部分马略呈后踏肢势，整体稍有前冲姿势。腕关节、飞节、系关节整结、坚实、强大，个别马有白斑或掌部白毛，部分马为卧系或立系。蹄形较复杂，蹄尖壁和蹄踵壁与地面形成的夹角部分马较大（80°左右）或较小（30°左右），且蹄尖壁向上翘起，掌部被毛长而浓密。尾毛浓密，长至地面。

据对德保县856匹矮马的统计，骝毛470匹，占总数的54.91%（其中：红骝毛262匹，黑骝毛45匹，褐骝毛69匹，黄骝毛94匹）；青毛135匹，占总数的15.77%（其中：灰青47匹，铁青36匹，红青11匹，菊花青10匹，斑青20匹，白青11匹）；栗毛128匹，占总数的14.95%（其中：紫栗35匹，红栗40匹，黄栗30匹，朽栗23匹）；黑毛58匹，占总数的6.78%（其中：

纯黑 22 匹，锈黑毛 36 匹）；兔褐色 28 匹，占总数的 3.27%（其中：黄兔褐毛 6 匹，青兔褐毛 15 匹，赤兔褐毛 7 匹）；沙毛 21 匹，占总数的 2.45%；斑毛 16 匹，占总数的 1.87%（其中：黑斑 4 匹，黄花斑 4 匹，红花斑 8 匹）。少量马的头部和四肢下部有白章。德保矮马体尺、体尺指数及估重见表 1。

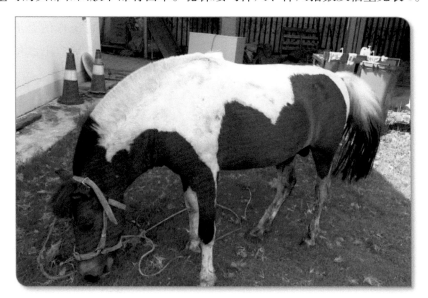

德保矮马（公）

德保矮马（母）

表 1　德保矮马体尺、体尺指数及体重

性别	阶段	统计匹数	体尺（cm）				体尺指数			体重（kg）
			体高	体长	胸围	管围	体长指数	胸围指数	管围指数	
公	1岁以内	6	69.67±13.34	67.33±13.97	72.83±11.11	8.17±1.47	98.01±20.87	105.75±12.51	11.99±2.88	35.38±18.17
	1~2岁	14	96.21±5.71	94.93±6.79	101.86±6.49	11.61±1.00	98.67±4.01	105.91±4.22	12.07±0.89	92.10±16.95
	3岁以上	39	97.42±3.76	98.42±6.07	107.97±7.67	11.94±0.80	101.01±4.52	110.78±5.86	12.25±0.74	107.43±19.88
母	1岁以内	4	77.00±12.25	69.25±15.00	78.75±17.35	9.38±1.49	89.36±6.97	101.59±8.52	12.18±0.48	44.03±26.02
	1~2岁	7	93.86±6.96	90.71±9.88	99.00±12.22	11.14±1.68	96.46±4.04	105.26±7.42	11.82±1.00	85.15±29.63
	2~3岁	17	91.59±2.90	88.65±5.71	95.71±6.23	10.94±0.75	96.74±4.23	104.45±5.03	11.95±0.70	75.68±12.60
	3岁以上	123	98.35±4.55	100.02±7.29	109.71±8.31	11.76±0.91	101.66±5.10	111.50±5.68	11.96±0.72	113.07±23.84

四、品种保护及利用情况

（一）生化和分子遗传测定

近年来，国内有关马的研究主要集中在根据马种外在特征与其细胞、分子遗传学、生化的关系等方面研究马的起源、遗传种质及遗传差异。为加强德保矮马保种育种工作，保护这一稀有品种，现已开展德保矮马生长激素基因的克隆与序列分析，以研究生长激素基因位点突变与矮小的相关性；开展德保矮马精液品质分析及冷冻保存方法的研究，研究开发及优化德保矮马精液冷冻保存的配方，以保护、开发、利用德保矮马种质资源。

（二）保种和利用

2001年，德保县水产畜牧兽医局承担农业部"百色马（德保矮马）保种选育"项目，把矮马繁育基地列入"十五"计划和2015年远景规划。建立了县级矮马保种场、马隘乡隆华村、古寿乡古寿村、那甲乡大章村、巴头乡荣纳村4个核心群保种基地和巴头、马隘、古寿、那甲、东凌、朴圩、敬德、扶平8个重点保护区。现已建立国家级德保矮马资源保护场，创建保种场"集中保种"，保种基地"国有民养保种"，对德保矮马进行活体保种。蒋钦杨等克隆、分析德保矮马生长激素基因全序列，以寻找生长激素基因位点突变与矮小基因的相关性。杨胜林等利用13个微卫星基因座对中国5个矮马品种即德保矮马、贵州矮马、宁强矮马、四川矮马、云南矮马进行遗传平衡检测。蒋钦杨等采用聚合酶链式反应—单链构象多态性（PCR-SSCP）技术分析德保矮马生长激素受体基因的多态性，为深入研究矮马矮小性状形成的分子机制打下基础。马月辉等及周向梅等分别采用胶原酶消化法、组织块直接培养法将德保矮马耳缘组织进行培养并建立该组织成纤维细胞系，使德宝矮马种质资源在细胞水平保存下来，为基因组和体细胞克隆等进一步研究提供理想的生物材料。

五、对品种的评估和展望

德保矮马具有矮短、粗壮的体型，体质强健、性情温驯、动作灵活、步伐稳健、耐粗饲、繁殖力强的特点，作为驮用、乘骑、拉车的工具，深受农户的喜爱，适于山区饲养。

随着德保矮马主要产区农业机械化普及和交通基础设施的完善，矮马使役价值降低，农民养马积极性下降。建立德保矮马冻精、冻胚"基因库"，开展细胞工程、胚胎工程方面的研究；依据群体遗传学理论以各家系性别比例等量留种，但不一定采取随机交配，以避免全同胞、半同胞交配以降低近交率，进而提高保种效果。保种应当尽可能与利用结合，并把从利用中取得的经济效益投入保种中。应进一步深入研究德保矮马的遗传系统、地域系统、生态类型、经济用途及文化特征等，以揭示德保矮马起源进化、传播路线、经济性状及遗传资源多样性，为德保矮马遗传资源的开发利用及有效保护提供科学依据。加强本品种选育，进一步改善体型外貌，提高其品质，向矮化、观赏、骑乘方向发展，提高矮马饲养的经济效益。

隆 林 山 羊

一、一般情况

隆林山羊（Longlin goat）是肉用型为主的山羊地方品种。原产于桂西北山区的隆林各族自治县，故称隆林山羊。以生长快、肌肉丰满，产肉性能好，屠宰率高而著称，是广西山区山羊中体格较大的品种之一。

（一）中心产区及分布

隆林山羊中心产区为广西壮族自治区隆林各族自治县的德峨、蛇场、克长、猪场、长发、常么等乡镇。毗邻的田林县、西林县也有分布。

（二）产区自然生态条件

隆林山羊主产区位于广西壮族自治区西北部，东经 104° 47′ ~ 105° 41′，北纬 24° ~ 25°，海拔 380 ~ 1 950.8 m，属云贵高原东南部边缘，地势南部高于北部，由于境内河溪的强烈割切，形成了无数高山深谷。

隆林山羊主产区年均日照时数 1 763.3 h。气温最高 39.9℃，最低 –3.1℃，年均 17.7℃，年总积温 6 966.3℃。无霜期为 290 ~ 310 d，霜期一般发生在 12 月上旬至翌年 3 月上旬，平均初霜日期是 12 月 22 日，高寒山区的初霜期比温暖地区来得早些，终霜期结束迟。由于受地形的影响，产区各地降水量差异较大，冬季尤为明显，高山降水量比谷地多，且南多北少，谷地少雨干燥。多年来，年降水量在 1 023 ~ 1 599 mm 的范围内，年平均降水量为 1 157.9 mm。全年干燥指数 75.41。主产区境内多吹东北偏东风和西南偏南风，累计各月平均风速为 0.9 m/s，定时观测最大风速为 14 m/s。产区属低纬度高海拔南亚热带湿润季风气候区，南冷多雨，北暖干旱，"立体气候"和"立体农业"特征明显。

隆林各族自治县占地总面积 3 552.96 km²。该县地貌结构分为溶岩区和非溶岩区，石山区占 1/3。该县地表植被比较好，土壤以山地红壤为主，类型有水稻土、红壤、黄壤、石灰土、冲积土五类。土壤呈酸性，pH 值 5 ~ 6，土层具疏松、深厚、潮湿、肥沃的特征。水源较为丰富，境内河流属珠江流域西江水系，以金钟山山脉为南北水系的河流流域面积 2 959.62 km²，占总流域面积的 83.3%；流入右江水系的河流流域面积 593.34 km²，占总流域面积的 16.7%。流域面积在 25 km² 以上的地表河有 21 条，其中注入南盘江水系的有新州河、冷水河等 15 条，注入右江水系的有岩茶河、冷平河等 6 条。下面这些缩减成一段，如果有最新的数据可以换成最新的数据，没有就进行下缩减，下面这些组织成一段话即可自从 2002 年国家颁布退耕还林政策以后，隆林县先后退耕还林造林 26.85 万亩（退耕地造林 12.85 万亩，荒山造林 11 万亩，配套封山育林 3 万亩），宜牧草山面积相对减少。

种植业以旱地作物为主，种有玉米、水稻、豆类、小麦、甘蔗、薏米、瓜菜类等，粮食生产品种繁多，农副产品十分丰富。近年稻田的耕作制度以中稻加冬种为主，旱地以玉米加冬种（油菜、豌豆、蚕豆、小麦）、烟叶加冬种和间种套种（玉米间种套种大豆、瓜菜类等）为主。

隆林县的饲草资源丰富，天然草地面积为 14.3 万 hm²，每公顷鲜草产量为 10.10 ~ 11.25t，其中优质牧草含量有 54%，石山灌丛类草地和灌木灌丛类草地有 5.1 万 hm²，每公顷鲜草产量为 15.59 ~ 26.15 t。全县人工草地面积有 3 613 hm²，主要种植高丹草、矮象草、多花黑麦草、类玉米、新银合欢等优良牧草。

二、品种来源及发展

（一）品种来源

隆林山羊形成历史悠久，该品种是在喀斯特地貌环境和植物群落条件下，经过当地少数民族传统文化方式熏陶及长期的自然选择而形成的地方山羊品种。据查《西隆州志》，自清代康熙五年（1666 年）开始，即有关于马、牛、羊、猪、鸡、鸭等物产的记载，可见隆林县早在几百年前就已饲养山羊。隆林县地处云贵高原边缘，山峦重叠，交通闭塞，公路直到 1958 年才建成与百色通车。长期以来，由于交通不便，隆林山羊很难向外推广，外地品种也不易引进，而这一品种的形成，除了自然生态因素的影响外，主要是长期人工选择的结果。

当地少数民族风俗习惯，历来就喜爱山羊，凡遇婚丧大事都少不了山羊肉，尤其迎亲时，更必送猪羊大礼，亲友们便牵羊、拉牛、抬猪前往，大家还进行现场评议，谁送的牲畜个头大，谁就光荣有面子。为了培育选用个大种羊，他们不惜徒步翻山越岭，用重金收购或借回最大的公羊配种，母羊也选留个体大的、产奶多的作为种用。日积月累的选种选配，逐渐形成体型大、产肉性能好的地方优良品种。

(二) 群体数量消长情况

1985年，隆林县的隆林山羊存栏数3万多只，发展到2005年存栏8万只，提高了167%，比1995年的6万只，提高了33%。由于人民生活水平不断提高，人们的肉食结构也发生较大的变化，山羊肉类越来越受到人们的青睐。随着市场需求量的增加，调动了产区群众发展养羊业的积极性，促进产区山羊业的发展，饲养量和出栏量不断增加。2016年年末，存栏山羊8.04万只，出栏山羊11.16万只，羊肉产量1 718t；2017年年末，存栏7.52万只，其中能繁母羊4.55万只，种公羊1.1万只；2018年年末存栏6.18万只，其中能繁母羊4.11万只。

2005年年底，广西畜牧总站统计结果表明，隆林山羊总的饲养量多达38.5万只，但是杂交改良的隆林山羊多，纯种的隆林山羊较少，急需对现有的隆林山羊进行提纯复壮。

三、体型外貌

隆林山羊体格健壮，体质结实，结构匀称，肌肉丰满适中。头大小适中，额宽，母羊鼻梁平直，公羊稍隆起，耳直立，大小适中，耳根稍厚；公羊、母羊均有角和须髯，角扁形向上向后外呈半螺旋状弯曲，角有暗黑色和石膏色两种，白羊角呈石膏色，其他羊角呈暗黑色，须髯发达。颈粗细适中，少数母羊颈下有肉垂。胸宽深，背腰稍凹，肋骨拱张良好，后躯比前躯略高，体躯近似长方形。四肢端正粗壮，蹄色与角色基本一致，尾短小直立。被毛以黑色为主，腹下和四肢上部的被毛粗长，其发达程度与须髯密切相关，公羊特别明显。这是隆林山羊与广西其他山羊的主要区别之一。

隆林山羊

四、品种保护与研究利用现状

（一）品种保护

1981 年，陆燧伟、屈福书、樊煦和等对隆林山羊进行的调查，认为隆林黑山羊是优良的地方品种。1987 年，广西家畜家禽品种志编辑委员会在《广西家畜家禽品种志》中将其正式命名为隆林山羊。1988 年该品种又被列入了《中国家畜家禽品种志》。2010 年，隆林山羊获得农产品地理标志登记。隆林山羊列入广西壮族自治区畜禽遗传资源保护名录。

（二）研究利用现状

（1）1990 年，隆林县畜牧渔业局在德峨、猪场和介廷 3 个乡选购种公羊22 只，母羊 278 只建立隆林山羊核心群，至 1996 年核心群羊达 1 871 只，其体重情况如表 1 所示。

表 1　隆林山羊选育后的增重成绩

性别	初生		2 月龄		3 月龄		6 月龄		12 月龄		24 月龄		成年	
	羊数（只）	体重（kg）	羊数（只）	体重（kg）	羊数（只）	体重（kg）	羊数（只）	体重（kg）	羊数（只）	体重（kg）	羊数（只）	体重（kg）	羊数（只）	体重（kg）
公	33	1.96	29	13.66	26	15.23	12	35.05	28	46.09	18	58.04	7	55.42
母	43	1.80	28	13.63	36	15.84	31	24.68	32	36.08	32	44.15	25	52.00
平均		1.88		13.64		15.78		30.01		41.48		51.09		53.71

（2）2002年，广西壮族自治区畜牧研究所、广西壮族自治区畜禽品种改良站联合将隆林山羊引入南宁，主要采取圈养方式饲养，周岁与成年体尺体重数据如表2所示。

表2　隆林山羊引入南宁后的体重、体尺

性别	年龄	测定数量（只）	体重（kg）	体高（cm）	体长（cm）	胸围（cm）	管围（cm）
公羊	周岁	13	36.3±3.1	65.9±3.3	66.5±4.1	77.1±3.4	8.8±0.5
	成年	8	62.0±3.5	70.0±2.8	74.0±4.5	85.3±2.5	9.4±0.3
母羊	周岁	25	33.7±4.1	62.5±3.1	61.2±2.5	79.3±2.4	8.3±0.5
	成年	30	54.6±4.3	64.1±3.5	68.6±3.2	78.0±2.7	8.6±0.2

（3）2005年，广西壮族自治区质量技术监督局颁布地方标准《隆林山羊》（DB 45/11—1998）。

（4）2005年，柳州种畜场进行了乐至黑山羊杂交改良隆林山羊的试验，其结果表明乐隆杂种一代体尺、体重均明显提高，结果见表3和表4。

表3　乐隆杂交一代黑山羊与隆林山羊各阶段体重比较

品种	性别	初生重（kg）	1月龄重（kg）	3月龄重（kg）
隆林山羊	♂（n=22）	2.15±0.20	4.82±0.215	9.75±0.194
	♀（n=26）	2.09±0.174	4.54±0.325	9.22±0.430
	平均重	2.12	4.68	9.48
乐隆杂交一代	♂（n=29）	2.69±0.28	5.79±0.59	15.50±0.47
	♀（n=25）	2.57±0.20	4.92±0.303	12.8±0.419
	平均重	2.63	5.355	14.15

表4　乐隆杂交一代黑山羊与隆林山羊各阶段体尺测量结果

	月龄	体高（cm）	体长（cm）	胸围（cm）
隆林♂（n=22）	初生	28±1.46	27±1.58	29±1189
	1	35±2.17	35±2.25	37±2.48
	3	44±3.03	46±3.02	53±4.13
隆林♀（n=26）	初生	26±1.33	24±1.41	27±1.66
	1	33±3.23	34±2.31	35±2.23
	3	37±3.46	41±4.11	47±3.95
乐隆杂交一代♂（n=29）	初生	32±1.39	30±1.57	32±1.96
	1	39±2.05	40±2.16	41±2.44
	3	48±3.14	51±2.89	58±4.55
乐隆杂交一代♀（n=25）	初生	30±1.43	28±1.34	31±2.03
	1	38±1.87	38±2.19	40±2.86
	3	42±2.99	46±3.01	52±3.83

（5）2007 年，中国热带农业科学院热带作物品种资源研究所和中国农业科学院北京畜牧兽医研究所应用 14 对微卫星引物检测了隆林山羊和雷州山羊群体遗传多样性，其结果表明隆林山羊和雷州山羊遗传多样性水平匮乏，隆林山羊的两个群体聚为一类，再与徐闻雷州山羊群体聚在一起，最后为海南雷州山羊群体，其聚类结果与两个品种的来源及地理分布基本一致。建议重视保存群体内不同类型的个体的同时保存好不同区域的群体，保种场应尽量采取随机交配的方式，避免作有方向性的选择。

（6）2008 年，中国农业科学院水牛研究所和广西大学动物科技学院联合进行了波尔山羊 × 隆林杂交羔羊育肥期能量和蛋白质营养需要的研究，得出育肥期波隆杂肉羊对象草—玉米—棉粕型日粮干物质采食量与代谢体重和日增重的关系及能量和蛋白质最佳饲喂量参数等计算公式如下：

$$DMI（g/d）=181.3W^{0.75} — 0.61 \triangle W — 886.2（r=0.928\ 7）$$

能量和蛋白质营养需要量的预测方程：

$$CP（g/d）=19.56W^{0.75} + 0.25 \triangle W — 128.6（r=0.783\ 6）$$

$$GE（MJ/d）=2.98W^{0.75} + 0.023 \triangle W — 18.69（r=0.825\ 7）$$

$$DE（MJ/d）=1.26W^{0.75} — 0.006 \triangle W — 3.56（r=0.623\ 6）$$

（7）2016 年，黄世洋等人以努比亚山羊为父本，隆林山羊为母本，采用开放式核心群选育法在广西壮族自治区牧草工作站种羊场开展杂交选育，选育的黑山羊新品系外貌与体形均有明显的改进，繁殖性能、肉用特征明显提高。初生羔羊体重达（2.67±0.56）kg，3 月龄公羔体重（17.80±1.23）kg，母羔（15.86±2.30）kg；周岁公羊体重（42.70±3.55）kg，母羊（35.60±3.06）kg；成年公羊体高（71.42±4.80）cm，母羊（69.85±4.32）cm；经产母羊产羔率200.83%，成年公羊屠宰率（53.61±1.58）%，成年母羊屠宰率（48.98±1.75）%。

（8）2016 年，李胜开等人在广西隆林陆兴畜产综合开发有限公司种羊场对 12 月龄的隆林山羊 150 只进行体尺与体高的相关性分析。测量及分析结果显示，12 月龄隆林山羊公母羊群体的体重和体尺指标之间差异不显著（$P > 0.05$）。隆林山羊12 月龄的体重与体高、体长、胸围和管围均呈极显著正相关（$P < 0.01$）；体高与体长、胸围、管围间呈极显著正相关（$P < 0.01$）；体长与胸围呈极显著正相关（$P < 0.01$），与管围的相关性未达到显著水平（$P > 0.05$）；胸围与管围间呈极显著正相关（PG < 0.01）。以上结果表明，在隆林山羊周岁体重、体尺指标之间存在着密切相关性，各体尺指标间也存在着不同程度的相关性。

（9）2020年，广西畜牧研究所韦炳耐等开展隆林山羊与努比亚山羊杂交对后代生产性能和肉质影响的研究。研究以努比亚山羊、隆林山羊及努隆杂交 F_1 代（努比亚山羊♂ × 隆林山羊♀）为研究对象。所有的品种都在相同水平下进行饲养管理，选取3个群体共205头，分别对1月龄、3月龄、6月龄山羊的生长性能及体尺指标进行测定，选取6头6月龄的父母代及杂交 F_1 代进行屠宰，取其背最长肌进行肉品质分析。结果表明，努隆杂交 F_1 代经产母羊的产羔率、羔羊成活率与父母代差异不显著，初生重、不同月龄体尺指标与父母代差异显著，努隆杂交 F_1 代宰前活重、胴体重、净肉重、屠宰率、净肉率较隆林山羊都有显著的提高，努隆杂交 F_1 代肌肉粗蛋白含量、肌内脂肪含量、必需氨基酸、风味氨基酸、游离脂肪酸与父母代均有不同程度的提高。结果表明努比亚山羊在改善隆林山羊体型、生长速度和肉品质上综合表现良好。

（三）分子遗传学研究

（1）曹艳红、周恒、朱江江等对隆林山羊 ACSS2 基因的克隆并测序，利用在线生物信息学软件分析 ACSS2 蛋白的序列特性，分析不同物种间 ACSS2 基因的进化关系及三级结构，从而预测隆林山羊 ACSS2 基因的功能。结果发现，隆林山羊 ACSS2 基因 CDS 全长 2 103bp，由18个外显子组成，编码701个氨基酸残基。隆林山羊 ACSS2 蛋白与其他物种间具有相似的三级结构系统，且与绵羊和牛具有较近的亲缘关系，而与猪的亲缘关系较远。

（2）周恒、曹艳红、朱江江等对隆林山羊 SCD 基因进行克隆并测序，利用在线生物信息学软件分析 SCD 蛋白的序列特性，分析不同物种间 SCD 基因的进化关系及三级结构，从而预测隆林山羊 SCD 基因的功能。结果显示：隆林山羊 SCD 基因 CDS 区序列全长 1 080 bp，由4个外显子组成，编码359个氨基酸，与牛、绵羊、人的氨基酸相似度分别为94.2%、98.3%、83.8%，并与牛和人具有相似的三级结构。系统进化树显示，隆林山羊与绵羊和牛具有较近的亲缘关系，而与鸡的亲缘关系较远。

（3）赵子贵、黄晨、宋少锐等对隆林山羊 MyoG 基因进行克隆和测序，得到长为 2 419bp 的 DNA 片段，该基因包括3个外显子、2个内含子、部分 5′ UTR

和 3′ UTR 区编码区 DNA 序列长 675 bp，共编码 224 个氨基酸，该氨基酸序列无信号肽序列和跨膜结构。经同源性分析可知，隆林山羊 *MyoG* 编码区核苷酸序列及其编码的氨基酸序列与其他物种比对结果和氨基酸系统进化树的聚类结果相符，均显示隆林山羊与哺乳动物中的绵羊、牛和野猪的亲缘关系最近，氨基酸同源性达到 95% 以上。

（4）赵子贵利用 7 个微卫星标记对 150 个个体进行遗传多样性评估，结果显示：7 个微卫星标记所检测到的平均等位基因数为 7.9 个；*He* 在 2.477 7~6.134 6，平均为 3.636 0；*He* 在 0.596 4 ~ 0.837 0，平均为 0.697 7；*PIC* 在 0.569 2~0.818 5，平均为 0.576 0。说明隆林山羊的遗传多样性较丰富，适应多变环境能力强，具有较高的保种价值和选择潜力。

利用 SPSS18.0 软件中的 GLM 模型对 10 个微卫星标记与周岁隆林山羊生长性状的相关性进行分析。结果显示：与体重显著相关的标记有 *BM415*、*IDVGA64*、*LZD140A*、*TGLA53*、*BM1818*、*CSSM047*、*ILSTS018*、*JMP8*、*BMC1206*；优势基因型分别是 177/195、246/250、173/173、136/145、254/264、132/151、165/169、120/120、109/109；优势基因型中体重、体高、体长、胸围、管围均值最高的等位基因分别是 195、107、195、163、109。

（5）曹艳红等对隆林山羊、努比亚山羊和隆努杂交 F₁ 代 3 个家系进行全基因组和全转录组测序分析，筛选出了隆林山羊和努比亚山羊品种间表型差异的候选基因 38 个。其中 *PODXL*，*ACACA*，*ZFPMI* 和 *L7KCNQ5* 等与生长发育相关；*CYP3A4*，*CYP3A5* 和 *SULT6B1* 等与消化代谢相关：*RIMBP2*，*PRKGI* 和 *HBPI* 与泌乳相关；*ABCC4*，*TAP* 和 *CELF2* 等与免疫反应相关；*RPSB*，*TNXB*，*OR2AE1* 和 *AOXI* 与湿热环境适应力相关。

五、对品种的评价和展望

隆林山羊适应性强，在粗放饲养管理条件下生长发育快，产肉性能好，繁殖力高，适应亚热带山地高温潮湿气候。隆林山羊肌肉丰满，胴体脂肪分布均匀，肉质好，膻味小。6 ~ 8 月龄，体重在 25 kg 以下的隆林山羊活体很受消费者欢迎。

隆林山羊虽是我国南方优良地方品种，但受产区自然条件、社会条件及技术力量等因素影响，还需加强本品种选育，注重肉用性能，兼顾乳用性能，进一步提高品种质量。

　　隆林山羊以放牧为主，产区又属喀斯特地区，山羊放牧对当地的自然植被影响很大，合理的载畜量可以促进石山植被的生长，过牧造成的植被退化不仅对山羊生产不利，还会影响整个生态环境，甚至影响人类。加强对载畜量、放牧时间、放牧技术及放牧对植被演变影响的研究与控制，保持隆林山羊持续稳定发展是非常必要的。

　　加强对隆林山羊消化生理特点及营养需要的研究，加强舍饲技术的研究、应用与推广，合理利用草地资源，加强当地饲料资源的开发利用，加快良种繁育体系建设，加强杂交改良方案的研究与推广，提高隆林山羊及其杂交羊的产肉性能，提高羊肉品质，兼顾乳用性能是未来一段时间内隆林山羊发展的主要方向。

　　在石山区条件下生长发育良好、抗病力强、死亡率低、繁殖率高。山羊的抗病能力强，只要饲养管理得当，一般不会发生疾病。但确因饲养管理不好，不重视防疫和驱虫防病，也发生寄生虫病、消化系统疾病、呼吸系统疾病。比如：羊口疮、山羊传染性角膜炎、结膜炎、传染性胸膜肺炎、瘤胃膨气、肺丝虫病及腹泻病等。

　　隆林山羊以种羊和商品活羊的形式畅销区内外，远销至海南、广东及我国港澳地区等。

都 安 山 羊

一、一般情况

都安山羊（Du' an goat），商品俗名也称马山黑山羊。产于都安县及其周围各县的石山地区，中心产区在都安县，故称都安山羊。都安山羊是分布于广西境内饲养群体数量最多的地方优良品种之一。1985 年，该品种列入《中国家畜品种及其生态特征》，1987 年载入《广西家畜家禽品种志》，正式命名为都安山羊。属肉用型山羊地方品种。

（一）中心产区及分布

原产于都安瑶族自治县（以下简称都安县），中心产区为该县的地苏、保安、澄江、龙湾、菁盛、拉烈、三只羊等乡镇，周围的马山、大化、平果、东兰、巴马、忻城等县石山地区有大量分布，隆安、兴宾、龙胜等县（区）以及其他平原丘陵地区也有一定数量分布。2003 年，都安县被中国品牌宣传保护活动组委会认定为"中国都安山羊之乡"。

（二）产区自然生态条件

都安县位于广西壮族自治区中西部，地处云贵高原南缘，都阳山脉东段，以石山丘陵为主。东经 107° 41′ ~ 108° 31′，北纬 23° 42′ ~ 24° 35′。地势西北高，东南低。海拔 170 ~ 1 000 m，境内石山叠嶂，洼地密布的大石山区属典型的喀斯特地貌。

都安县属于南亚热带季风气候区北缘，雨量充沛，气候湿润、温暖，日照充足，无霜期长。年平均气温 18.2 ~ 21.7℃，最高气温 39.3℃，最低 –1.2℃。相对湿度为 74%。无霜期 347d。降水量 1 737.9 mm。因季风气候影响，四季雨量有明显差异，每年夏季为雨季。全年最多风向为西北风，平均风力为

1.6m/s。

都安县内主要有红水河、刁江、澄江、拉仁河、板岭河、地苏河、同更河等河流。有地下河系38条，干支流99条，大多属季节性溪河。其中地苏地下河系为广西最大的地下河系之一，其覆盖面积1 000多km²，最大流量为493 m³/s，洪期流量可达500 m³/s，最枯期流量为3.8 m³/s。耕作土类分为旱作土和水稻土。产区旱作土主要为棕色石灰土、红壤和冲积土。自然土类有红壤、黄壤、石灰岩土、红色石灰土、紫色土、冲积土等。石灰土为主要土类，遍布全县溶岩石山。

农作物主要有玉米、水稻、芋头、甘薯、豆类和荞麦等。主产区的瑶族群众历来就有把羊作聘礼、杀羊供祭品、烹制羊肉招待贵宾的风俗习惯（《隆山杂志》上册第二篇第四节人口之组成及其风俗有"婚时，男家备鹅羊及酒茶、盐糖为礼物……）。主产区之一的马山县年活羊出口和销售量一直名列全区第一。中华人民共和国成立前，年出口1 000～2 000只，1990年以后，外贸出口活山羊年均7 000只。2005年，都安、马山县出栏山羊超过18万只，产值4 500万元，约占全县畜牧业产值的20%。都安山羊以皮薄肉嫩、无膻味、营养丰富赢得了区内外消费者的赞誉，产品主要销往南宁、广东、海南及我国港澳地区等。该县大力发展山羊养殖业，2005年饲养量达36万只，年出栏约15万只，已形成规模化养殖。据统计，2004—2008年，都安县山羊饲养总量为168.79万只，出栏81.69万只，其中2008年山羊饲养量为43.20万只，年末存栏为24.30万只，出栏18.90万只，出栏率为77.78%。2013年，都安山羊保护面积为4 095km²，年饲养总量为51万只。2014年，都安县山羊饲养量56.60万只，出栏36.5万只。2015年，都安县山羊饲养量达63.62万只。

二、品种来源及发展

（一）品种来源

都安山羊形成历史悠久，是当地瑶族群众经过长期自然选择和商品交易中形成的具有地方特色的优良品种。据《都安县志稿》（民国）中食货志二的戊，畜牧产量调查表"本县家畜，大的如牛、马、猪、羊；小的如鸡……惟山地则兼养羊……"。食货志一的田赋治革一，"清以前，本县为地方官统治，赋税制度系特殊……赋则征收土奉，并供树麻……竹木料，打山羊等。"地处都安县北部三万山丛中的瑶族同胞聚集地三只羊乡，历来盛产山羊，以山羊作为赋税上交后一直被称为"三只羊"乡。都安县属喀斯特地貌，山上植物种类繁多，牧草丰富，以藤类和灌木丛居优。山羊喜欢采食的植物 110 多种，全年可在山上轮片放牧，任其自由采食和繁殖，都安县及其周边地区特有的生态条件及植被群落均适宜山羊的生活习性。为发展山羊饲养提供了独特的自然生态条件。都安县地处大石山区，山坡陡峭，气候干旱少雨，可耕地少，复种指数不高，当地群众凡遇上红白事都有杀羊祭祀的风俗，历来就有饲养山羊的习惯，养羊已成为当地群众主要的经济收入来源。在不宜放牧的地区，则以圈养为主，只于秋后放牧 3 ~ 4 个月。在此环境中，经过长期自然和人工选择而形成体型较小、结构紧凑、行动敏捷、善于攀爬的优良地方山羊品种。

（二）群体数量消长

据统计，2005 年，都安县都安山羊存栏量 36 多万只。2018 年，都安县山羊存栏量 40.79 万只，较 2005 年增长 13.31%，出栏量 31.45 万只，肉产量 4 715.55t。

随着市场对优质畜产品需求日益增加，产区山羊饲养量增加明显，但一直缺乏系统的选育与保种工作，仍以本品种自然交配为主，近亲繁殖现象较严重，造成羊群体质参差不齐，出现某些生产性能下降的现象。

三、体型外貌

都安山羊体型较小，骨骼结实，结构紧凑匀称，肌肉丰满适中。头稍重，额宽平，耳小竖立向前倾，眼睛明亮有神，鼻梁平直，公羊稍隆起，颈稍粗，部分山羊有肉垂；躯干近似长方形，胸宽深，前胸突出，肋弯曲开张，背腰平直，腹大而圆。十字部比鬐甲部略高，尻部稍短狭向后倾斜，尾短小上翘，肢长与胸深相当，四肢稍短，健壮坚实，蹄形正，肢势良好，四肢间距宽，动作灵活有力。蹄质坚硬，蹄间稍张开，蹄色呈暗黑或玉黄色。公母羊均有须有角，角向后上方弯曲，呈倒"八"字形，其色泽多为暗黑色。公羊睾丸匀称，中等大小，登山时无累赘感，母羊乳房形似小圆球，多数为两个乳头，向前外方分开。

被毛以全白、全黑为主，灰和麻花等杂色次之。2006 年 11 月，调查组对都安县 132 只山羊的毛色进行分类统计：白色 34.85%，黑色 30.30%，麻花色 16.67%，灰色 10.60%，黑白花色 7.58%。而对马山县 148 只山羊毛色进行统计为，黑色占81%，棕黑色占10%，棕黄色占8%，黑白花色占1%。种公羊的前胸、沿背线及四肢上部均有长毛，被毛粗长而微卷曲；母羊被毛较短直；皮薄富有弹性。近年来根据市场需求导向，部分地区选留的毛色趋向于以黑色为主。

四、品种保护与研究利用现状

在原产地都安县建有都安山羊保种场，尚未进行过遗传多样性测定。都安山羊地方标准于2003年发布，标准号：DB 45/T 102—2003。2005年11月，《都安山羊繁育技术规程》《都安山羊饲养管理技术规程》《都安山羊疾病防治技术规程》《都安山羊标识、运输技术规程》《都安山羊种羊评定标准》5个都安山羊系列地方标准经评审获得通过。2013年获得农产品地理标志登记。

近几年，由于黑山羊较受市场欢迎，价格也比其他羊贵，产区有意多选留黑山羊，黑山羊比例将会明显上升。

2002年，都安山羊主产区都安县都安山羊饲养量达33.3万只。与其他品种相比，都安山羊体型偏小，泌乳量低，生长缓慢。要改变这一现状，要做到如下几点。

首先，要加强选种，按照广西壮族自治区质量技术监督局发布的都安山羊地方标准要求，对现有种羊进行等级评定，选择二级以上公母羊进行选配。后代选择繁殖力、泌乳力和生长能力强的个体留作种用，同时按都安山羊毛色性状，选育出黑色、白色、黄色等品系，以满足市场的需要，通过开展本品种选育提高都安山羊的生产性能。

其次，要加强对都安山羊的生理特点、营养需要、疫病防控和饲料资源开发的研究，进一步推广种草圈养山羊技术，不断改进山羊饲养管理。

最后，有计划地开展杂交改良工作。其主导方向是向肉用或肉乳兼用方面发展。近年来，我们先后引进了隆林山羊、波尔山羊、南江黄羊公羊，与都安山羊母羊杂交，取得了良好的效果。养羊业是都安县产业扶贫的主要产业，但是仍存在一些问题，如加强科技推广服务，实行产业化经营，打造品牌效应，加强养羊示范基地建设等方面力度不够。

五、对品种的评价和展望

都安山羊是广西数量最多，分布最广的山羊品种。都安山羊耐粗饲，适应性强、抗病力强，肉质好，营养丰富。适宜于在石山、半土半石山、土山以及平原地区饲养。但都安山羊体型小，泌乳量低，生长缓慢。应注意加强选种选育工作，提高生产性能和经济效益。

都安山羊

广西引进和培育品种

大 白 猪

一、一般情况

大白猪又称大约克夏猪，18世纪育成于英国，因体型大、毛色全白而得名。原产于英国北部的约克夏郡及英格兰北部临近地区，由英国当地莱塞斯特猪与引入中国广东省等地的地方猪杂交选育而成，1852年正式被确定为新品种，命名为约克夏猪，后经选育分化出大、中、小3种类型猪。大型为腌肉型、中型为肉用型、小型为脂肪型。其中大白猪是目前世界分布最广的猪种。

大白猪是我国最早引进的优良瘦肉型猪种之一。我国引入大白猪是在20世纪30年代，1936—1938年，原中央大学曾引入大白猪与其他外来品种进行比较。20世纪50年代，上海、江苏引入少量的大白猪。1957年，广州从澳大利亚引入大白猪。1967—1973年，华中、华东和华南等地从英国引种。

广西于1938年引入中约克夏养于桂林良丰农场，于1967—1973年引入大白猪，饲养于广西外贸屯里猪场及广西西江农场。2001年，广西永新集团畜牧公司从加拿大引入大白猪，2003年，广西桂宁原种猪场从英国和丹麦引入大白猪。2004年，广西柯新源原种猪场从美国引入SPF大白猪。随后，2005年，广西桂牧叮畜牧所原种猪场和广西扬翔原种猪场也从美国引入SPF大白猪。目前，大白猪几乎遍布全国，成为我国生产三元杂主要的杂交素材。

二、体型外貌

外貌特征：大白猪全身被毛白色，允许偶有少量暗黑斑点。头较长大，鼻面直或微凹，颈粗大，耳中等大而前倾、稍立。前胛宽，背腰平直，背阔，后躯丰满，体躯较长、呈长方形。肢蹄健壮，乳头数 7 对。

大白猪是较大型的猪种，成年公猪体重 300 ~ 500 kg，母猪 200 ~ 350 kg。据《中国畜禽遗传资源志·猪志》（2011），不同来源（场）大白猪成年猪的体重和体尺测量结果见表 1。其中，北京顺鑫农业小店种猪选育场英国大白猪的测量年龄为 30 月龄，北京养猪育种中心法国大白猪测量年龄公猪 23 月龄、母猪 26 月龄，河南省种猪育种中心美国大白猪测量年龄公猪 18 月龄、母猪 26 月龄。大白猪 100 kg 体重时的体尺由深圳市农牧实业有限公司 2008 年测量。

表 1 大白猪成年猪的体重和体尺测量结果

猪场	性别	头数	体重（kg）	体高（cm）	体长（cm）	胸围（cm）
北京小店种猪选育场	公	11	296.23±6.06	87.32±0.81	181.55±1.03	155.36±1.88
	母	21	223.85±6.53	83.95±0.91	172.71±1.09	157.67±1.68
北京养猪育种中心	公	10	266.50±3.86	90.30±0.65	160.10±1.73	148.70±1.72
	母	30	239.80±2.26	84.17±0.50	151.70±0.95	148.70±0.77
河南省种猪育种中心	公	62	193.33±4.89	87.43±1.67	143.18±1.44	153.35±1.67
	母	495	209.45±1.76	75.12±0.52	143.23±0.59	144.12±0.35
深圳农牧实业有限公司	公	248	100	61.50±0.14	108.20±0.21	98.80±0.15
	母	256	100	61.70±0.12	109.90±0.21	100.20±0.17

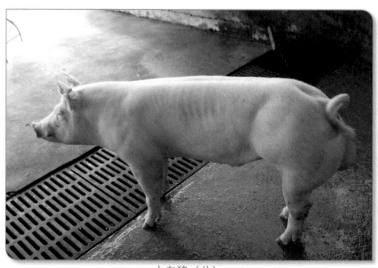

大白猪（公）

大白猪（母）

三、品种保护与研究利用现状

大白猪是目前国内生产肉猪的主要品种，存栏量非常大。目前国内有很多养殖企业及团体都在进行相关的选育。同时每年都会从国外引进大量的大白猪种猪。

作父本和母本进行经济杂交均可获得良好的效果。作母本与长白猪或杜洛克杂交，F_1 代猪胴体瘦肉率达 62% 以上，其他性能也有较大的杂种优势。作为父本与我国地方猪杂交，可大大提高商品猪的日增重、饲料转化率和胴体瘦肉率。

四、对品种的评价和展望

大白猪有较好的适应性，具有生长快、饲料转化率高、胴体瘦肉率高、产仔较多、应激小、肉质较好等特点，在广西的养猪生产中常用作三元杂交中的母本、第一或第二父本，作为杂交亲本有良好的利用价值。

在目前常用二元杂种猪中的大白猪、长白猪相比较，大白猪具有更好的适应性，母性更好，发病淘汰率低等优势，目前广西多数猪场大白猪作为母本的比例较大。

由于大白猪拥有较好的生产性能，其对饲养和管理水平要求较高。各原种猪场根据其生长特点，制定了科学的饲养方案，不断改进饲养管理措施，大白猪的生产性能也在逐年提高。

长白猪

一、一般情况

长白猪原产于丹麦，原名兰德瑞斯猪。由于其体躯长，皮肤、毛色全白，故在我国通称长白猪。长白猪是用大约克夏猪与丹麦的土种白猪杂交后经长期选育而成。是目前世界上分布最广的瘦肉型猪品种之一。

广西是全国最早引进该品种的区域之一，1964年，从瑞士引入，饲养于广西畜牧研究所等。1965年，从日本引入，饲养于广西西江农场等。1966—1967年也有引入，饲养于广西各场。1980年，从丹麦引入，饲养于金光农场等。2001年，广西永新集团畜牧公司从加拿大引入长白猪。2003年广西桂宁原种猪场从英国和丹麦引入长白猪。2004年，广西柯新源原种猪场从美国引入SPF长白猪。2005年，广西桂牧叮畜牧所原种猪场和广西扬翔原种猪场也从美国引入SPF长白猪。随后10多年来，广西都有大量引进。

二、体型外貌

长白猪体躯长，被毛白色，允许偶有少量暗黑斑点。头小颈轻，鼻嘴狭长，耳较大、向前倾或下垂。背腰平直，后躯发达，腿臀丰满，整体呈前轻后重，体躯呈流线型，外观清秀美观，体质结实，四肢坚实。乳头数7～8对，排列整齐。

表1 长白猪的体重和体尺

猪场	性别	头数	体重（kg）	体高（cm）	体长（cm）	胸围（cm）
北京养猪育种中心	公	10	265.00±4.68	89.40±0.97	165.00±2.47	154.00±1.32
	母	30	247.80±3.36	84.30±0.44	158.90±1.15	150.80±1.12
河南省种猪育种中心	公	63	190.51±4.55	88.12±1.55	148.36±2.94	147.13±2.52
	母	510	211.74±1.85	75.26±0.50	145.36±0.58	142.67±0.54

长白猪（母）

长白猪（公）

三、品种保护与研究利用现状

长白猪是目前国内生产肉猪的主要品种之一，存栏量非常大。目前国内有很多养殖企业及团体都在进行相关的选育。同时每年都会从国外引进大量的长白猪种猪，特别追求其优良的繁殖性能。

在广西，长白猪与地方猪种杂交，杂交后代日增重 600 ~ 700g，胴体瘦肉率可达 50% ~ 55%。如长白公猪与陆川母猪杂交。瘦肉型猪场利用长白猪与杜洛克、大约克夏猪杂交，生产三元杂商品猪。其日增重可达 700 g 以上，胴体瘦肉率均达 60% 以上。

四、对品种的评价和展望

长白猪引入广西 30 多年来，已基本适应广西的自然条件，但对 5—9 月湿热天气仍有不适应的表现：体温高，呼吸快。公猪性欲减退，母猪发情不明显，易发生呼吸器官、蹄裂、睾丸炎等疾病。该品种对饲料营养和饲养管理水平要求较高。

在目前常用二元杂种猪中的大白猪、长白猪相比较，长白猪具有更好的繁殖性能，体型长、乳房多，其带仔能力更好。但是饲养管理跟不上的场，其发病淘汰率低相对更高。

长白猪具有生长快、饲料转化率高、胴体瘦肉率高、产仔较多等特点。在猪种的品种改良和杂交商品猪生产中均起到重要作用。长白猪将成为一个重要父本或母本品种发挥越来越大的作用。但长白猪存在体质较弱，抗逆性差，应激敏感性较强，对饲养条件要求较高等缺点。今后应着重提高其结实性、适应性，选育出更优良的长白猪。

杜 洛 克 猪

一、一般情况

杜洛克猪起源于美国东北部的新泽西州等地，由不同的红色猪种组成的基础育种群，其中主要的是纽约州的杜洛克与新泽西州的泽西红两个品种。1860年，两个主要品种种群融合到一起。1883年，成立了杜洛克泽西红登记协会后经过长期选育形成杜洛克泽西红，后简称杜洛克。现广泛分布于世界各地，是我国引进的优良瘦肉型猪种之一。

我国最早于1936年由许振英引入脂肪型杜洛克猪，1972年起我国相继从美国、英国、匈牙利和日本等国引入，形成了"美系"和"匈系"杜洛克猪。20世纪90年代以来，我国相继从美国、加拿大、丹麦和中国台湾引进了大量的杜洛克猪，其中从美国和中国台湾引进的杜洛克猪数量居多，现遍布全国各地。

广西于1980年引入杜洛克猪，饲养于广西西江农场等地，后陆续引入多批，主要饲养于金光农场、屯里外贸猪场、西江农场、武鸣华侨农场等地。近几十年间广西从世界各地引进了大量杜洛克种猪，是目前市场上主要的杂交终端父本。

二、体型外貌

杜洛克猪全身被毛呈金黄色或棕红色，色泽深浅不一，允许体侧或腹下有少量小暗斑点。头中等大。嘴短直，颜面微凹。耳中等大，耳根稍立，中上部下垂，略向前倾。体型深广，背呈弓形，体躯较宽，腹线平直，肌肉丰满，后躯发达，四肢粗壮结实。乳头6～7对。杜洛克猪的体重和体尺见表1。

表 1　杜洛克猪的体重和体尺

猪场	品系	性别	头数	测定阶段	体重（kg）	体高（cm）	体长（cm）	胸围（cm）
河南正阳种猪场	匈（美）系	公	30	775 d	265.00±2.52	94.67±0.66	161.70±0.77	152.67±0.38
		母	60	768 d	224.00±0.86	91.00±0.33	150.00±0.50	134.00±0.32
北京养猪育种中心	台湾系	公	6	16.2月龄	201.7±7.94	81.50±2.17	148.70±4.29	136.00±3.15
		母	24	23.5月龄	220.75±3.63	84.67±1.10	140.50±2.07	136.83±1.42
河南省种猪育种中心	美系	公	72	18.3月龄	195.60±4.21	91.73±1.59	139.62±2.81	160.75±3.39
		母	450	25.3月龄	209.24±1.82	76.17±0.53	132.62±0.57	140.41±0.53
辽宁阜新原种猪场	美系	公	24		90.25±0.61	70.08±0.41	121.75±1.23	117.58±0.65
		母	58		82.65±0.46	71.55±0.37	120.66±0.81	116.24±0.41

杜洛克猪（母）

杜洛克猪（公）

三、品种保护与研究利用现状

在广西，杜洛克猪主要用作终端父本与长白猪、大白猪做二元杂交或三元杂交，对提高杂种商品猪的增重速度、饲料转化率及胴体瘦肉率均有显著效果。用作父本与地方猪种二元杂交，F_1 代杂种猪日增重可达 500 ~ 600g，胴体瘦肉率 50% 左右；培育品种二元或三元杂交，其杂种日增重可达 600 g 以上，胴体瘦肉率 56% ~ 62%。

四、对品种的评价和展望

杜洛克猪是我国引进的主要品种，遍布全国。杜洛克猪具有体质健壮、抗逆性强、生长速度快、饲料转化率高、胴体瘦肉率高、肉质好等特点，是瘦肉型猪生产杂交体系中的优良父本品种。各原种猪场根据其生长特点，制定了科学的饲养方案，不断改进饲养管理措施，逐步掌握了杜洛克猪的生产技术要点，根据市场需求制定。

20 世纪 80 年代后，我国从国外引入了大量的杜洛克猪，由于引入时间、来源不一，这些猪在性能上差异较大。经过多年的选育，杜洛克猪已能较好地适应我国的生产条件。以杜洛克猪为父本与我国地方品种猪杂交，其后代生长速度、饲料转化率及瘦肉率比地方品种猪显著提高。在生产商品猪的杂交中杜洛克猪多用作三元杂交的终端父本（DLY），或二元杂交中的父本，或四元杂交父系母本（皮杜、汉杜公猪）。

龙宝1号猪配套系

一、一般情况

（一）品种（配套系）名称

龙宝1号猪：肉用型配套系。由LB11系（父本）、LB22系（母本父系）、LB33系（母本母系）组成的三系配套系。

（二）培育单位、培育年份、审定时间和审定单位

培育单位：广西扬翔股份有限公司和中山大学；培育年份：1998—2012年；2013年1月通过国家畜禽遗传资源委员会审定；2013年2月，农业部第1907号公告确定为新品种配套系，证书编号：（农01）新品种证字第21号。

（三）产地与分布

种苗产地在广西壮族自治区贵港市，配套系父母代、商品代除在广西、广东销售外，还远销贵州、湖南等地。2020年，市场上该品种基本消失。

二、培育品种（配套系）概况

（一）体型外貌

1. 各品系外貌特征

LB11系：体型高大，被毛全白，皮肤偶有少量暗斑，头颈较长，面宽微凹，耳向前直立，体躯长，背腰平直或微弓，腹线平，胸宽深，后躯宽长丰满，有效乳头7对以上。

LB22系：全身被毛白色，头小清秀，颜面平直，耳大前倾，体躯长且平直，腿臀肌肉丰满，四肢健壮，整个体形呈前稍窄后宽流线型，有效乳头7对以上。

LB33系：头较短小，耳小而薄向外平伸，额有横行皱纹。空怀时肚不拖地，

背腰相对平直。毛稀短，黑白花。除头、背、腰、臀部为黑色外，其余部位白色，有效乳头数 7 对以上。

2. 父母代 LB23 外貌特征

背平或微凹，肚稍大不下垂，体质结实，结构匀称，白色为主，少有灰斑，没有黑斑。

3. 商品代 LB123 外貌特征

全身被毛白色，在背部、耳部、臀部略有灰色散在斑块，体质结实，结构匀称，头大小适中，耳竖较大，背腰平直，中躯较长，腿臀较丰满，收腹，四肢粗壮结实，身体各部位结合良好。

（二）体尺体重

父母代 LB23 体重体尺见表 1。

表 1　父母代 LB23 体重体尺测定（$n=30$）

月龄	体重（kg）	体高（cm）	体长（cm）	管围（cm）	胸围（cm）	腿臀围（cm）	背膘（cm）
2	25.82±3.25	35.09±1.43	69.56±2.98	11.89±0.68	63.72±3.17	48.95±4.41	7.82±1.25
4	42.31±4.14	42.13±0.64	82.50±4.28	14.63±1.03	78.38±4.34	48.88±5.46	9.63±1.60
6	72.40±5.09	52.30±2.91	98.20±4.37	17.58±1.95	95.70±4.37	60.25±5.22	13.80±2.30

三、推广应用情况

龙宝猪采取边培育边推广的形式，在 21 世纪初的 10 年，在两广等地受到广大农户的青睐。到 2011 年年底，配套系选育基本成形后，累计推广 LB23 父母代母猪和 LB123 龙宝 1 号猪配套系商品猪 100 多万头，总产值近 10 亿元。2012—2014 年，推广 LB23 和 LB123 达 30 万头，取得了显著的经济效益和社会效益。但是到 2018 年后，市场逐步淘汰该品种，广西扬翔股份有限公司也逐步放弃龙宝猪的推广。

四、对品种（配套系）的评价和展望

龙宝 1 号猪配套系适应性强、易于饲养，农户不受技术、环境、资金等限制，经杂交生产的 LB23 父母代母猪既有生长速度快、料重比低、瘦肉率高等良种猪的特点，又有耐粗饲、适应能力强、繁殖性能高等本地猪的优势，因而非常适合农村散养户和专业户养殖。但是由于其较为复杂的配套模式和引进种瘦肉型猪市场的冲击，龙宝猪在大规模养殖和市场冲击下，逐步被淘汰，培育公司也因长期投资但回报不理想的问题而逐步放弃该品种。可见一个大家畜的培育应该以市场需求为优先，同时还要定位清楚其产品市场。同时目前品种培育更多的是科研成果的需要，同时部分企业是为了企业形象和宣传的需要。

荷 斯 坦 牛

一、一般情况

荷斯坦牛（Holstein），原产于荷兰，适应能力强，世界各国结合实际培育出了各具本土特色的荷斯坦牛，是专门化的乳用型品种。中国利用纯种荷斯坦公牛和本地黄牛进行杂交，1992年，正式将培育形成的荷斯坦牛命名为"中国荷斯坦牛"（Chinese Holstein）。

（一）中心产区及分布

该品种牛分布在全国各地，以华北、东北和西北地区的数量为最多，广西主要分布于南宁、柳州、桂林和贵港市周边的县、市和区。

（二）产地的自然条件

原产地荷兰地势低湿，全国有1/3的土地低于海平面，土壤肥沃，气候温和，全年平均温度2～17℃；雨量充沛，年降水量为550～580 mm，牧草生长旺盛，土地面积大，普遍饲养奶牛。饲养奶牛以放牧为主，冬季舍饲。以家庭农场为主，主要是奶牛经选育后形成了性情温顺的特点。荷兰是欧洲交通枢纽，商业发达，奶酪出口量占世界第一，奶油出口占世界第二，商业化程度高，对荷斯坦牛品质的提高起到积极的作用。

二、品种来源与发展

（一）品种来源

荷斯坦牛的原产地在荷兰北部的荷兰省和弗里生省，其后代分布荷兰全国至法国北部及德国荷斯坦省。1795年被引入美国。最初成立两个奶牛协会，即美国荷斯坦育种协会和美国荷兰弗生牛登记协会。1885年，两协会合并成美国荷斯坦—弗里生协会，故命名为荷斯坦—弗里生牛（Holstein–Friesian）。

1840 年已有少量荷斯坦牛引入我国。1943 年，广西桂林、梧州和北海等市少量引进饲养。1946 年，广西大学农学院牧场亦有饲养，其中有 4 头公牛，主要与当地母黄牛进行杂交利用。1947 年，民国政府农林部在桂林市建立良丰牛种改良繁殖场，从新西兰引进黑白花牛、爱尔夏牛和娟姗牛共 90 头，后因饲养管理条件跟不上，损失一大半。1955 年以后，广西除了从澳大利亚、新西兰等国批量引进以外，多次从国内的北京、上海、南京、武汉、山西等地引进纯种荷兰牛到广西高校、科研院所和农垦所属农场饲养。经过多年的驯化，形成了属于我国自己的中国奶牛的主要品种。

（二）群体数量消涨

据记载，早在 1840 年已有荷斯坦牛（荷兰牛）引入我国。先后又从荷兰、德国、美国和日本等国引进。从各国引进的荷斯坦牛，在我国经过长期的驯化和系统繁育，特别是利用引进各国各类型的荷斯坦公牛与我国黄牛杂交，并经过了长期的选育而形成新的品种，冠名为"中国荷斯坦牛"（Chinese Holstein）。世界各国亦是如此命名，如日本荷斯坦牛、美国荷斯坦牛、新西兰荷斯坦牛等都是采用该方法培育而成。

随着社会经济的发展和人们生活的提高，对牛奶的营养成分和它对人体的重要作用逐步了解，对牛奶的需求量日益增多，奶牛的头数的产量也随着提高。2019 年，我国奶业发展形势稳步向好，全国产奶量同比增长 5.7%；奶牛单产持续提高，平均单产 8.0t，与 2018 年年均单产相比提高 7.9%，奶牛的存栏量下降趋势减缓，2019 年年底全国荷斯坦奶牛存栏 460.7 万头，同比减少 1.8%；2019 年年底广西存栏 1.35 万头，能繁母牛 0.81 万头。

三、体型外貌

中国荷斯坦牛多属于乳用型，具有明显的乳用型牛的外貌特征。该品种母牛的外貌特点是：成年牛母牛清秀狭长，眼大有神，鼻镜宽广，颌骨坚实，前额宽而微凹，鼻梁平直，一般有角，体型清秀，背线平直，腰角宽，尻长而平，棱角分明，结构匀称，被毛细而短，皮薄有弹性，皮下脂肪少，后驱宽深，腹大而不下垂，四肢端正结实，肢势良好，结实有力，飞节轮廓明显，蹄形正，蹄底呈圆形。

乳房是乳牛的重要器官和部位。发育良好的乳房大而深、底线平、前后伸展良好,附着较好。4个乳头大小、分布适中,间距较宽。有薄而细致的皮肤,短而稀的细毛,乳静脉明显粗大而多弯曲。

毛色一般为黑白相间,花层分明,额部多有白斑,腹底部,四肢膝关节以下尾端多呈白色。体质细致结实、体躯结构匀称,泌乳系统发育良好,蹄质坚实。

中国荷斯坦牛因在培育过程中,各地引进的荷斯坦公牛和本地母牛类型不一以及饲养条件的差异,其体型分大、中、小3个类型。

大型:主要是用了从美国、加拿大引进的荷斯坦公牛与本地母牛长期杂交和横交培育而成。特点是体型高大,成年母牛体高可达136 cm以上,体重700 kg以上。

中型:主要是引用从日本、德国等引进的中等体型的荷斯坦公牛与本地母牛杂交和横交而培育成的,成年母牛体高在133 cm以上,体重650～700 kg。

小型:主要引用从荷兰等欧洲国家引进的兼用型荷斯坦公牛与本地母牛杂交,或引用北美荷斯坦公牛与本地小型母牛杂交培育而成。成年母牛体高在130 cm左右,体重550～650 kg。

自20世纪70年代初以来,国内冷冻精液技术的改进和提升,人工授精技术的广泛推广,国内相互调运交换以及牛饲养管理条件的不断改善,奶牛的体型差异逐步减小。广西天气较热,饲养管理条件相对较差,属于中型和小型牛。

据相关资料记载成年公牛和母牛的体高、体长、体重、胸围和管围南方和北方有差别,详见表1。

表1 中国荷斯坦牛体尺、体重

地区	性别	体高（cm）	体长（cm）	胸围（cm）	管围（cm）	体重（kg）
北方	母	135.0	160.0	200.0	19.5	700.0
	公	155.0	200.0	240.0	24.5	1 000.0
南方（广西）	母	132.3	169.7	196.0	18.8	650.0

表1中体尺、体重南北方差别不大,自20世纪80年代初开始用冷冻精液配种,奶牛场不再饲养公牛,大大减少了成本,牛群品质得到有效提高。

四、品种保护与研究利用现状

在我国奶牛业迅猛发展的现阶段,品种种质性能检测的方法在逐步发展。但种质资源鉴定的准确性以及建立系谱准确性的监管体系已经迫在眉睫,以监督后裔测定系统的正确性和准确性为出发点，进而加强记录管理意识和手段指导生产，可加速中国奶牛群体遗传进展。这也是今后我国奶牛遗传改良的重要基础工作之一。

我国利用荷斯坦牛改良各地黄牛已有悠久的历史，取得明显的改良效果。杂交后代不仅体格增大、体型改善，经级进杂交三代后外形已接近中国荷斯坦牛。在正常饲养管理条件下，杂交一代牛产奶量达1.68 t，杂交二代2.38 t，三代达3.8 t，四代已接近纯种牛。

五、对品种的评价与展望

经过20多年对中国荷斯坦牛的选育工作和科学饲养管理，对北京、上海、南京、天津、沈阳、西安等育种场305头中国荷斯坦牛的调查结果表明，平均产奶量达7 t以上，少数达8 t以上，目前头均年产乳超10 t以上2 000多头。广西目前产乳量的80%左右来自中国荷斯坦牛。但中国荷斯坦牛耐热性能较差，针对这些问题，采取了如下措施：一是引进耐热血统，提高原有品种的耐热性能。近年广西引进澳洲荷斯坦牛1 000多头，该牛的乳脂率达4% ~ 4.6%，抗热抗病能力较强。二是通过现代选育手段进行选育利用，提高产奶量。如柳州鹧鸪江奶牛场、西江农场、红星奶牛场等产奶量头年均达6 t以上。三是加强杂交改良利用，对广大农村的黄牛，根据实际需要，用中国荷斯坦牛杂交一至三代，提高产肉、产乳能力和生长速度，已在广西和国内外得到公认。

西门塔尔牛

一、一般情况

西门塔尔牛（Simmental）原产于瑞士阿尔卑斯山区，该品种不但产乳量高，肉用性能好，且具有役用性能，是乳肉役兼用的大型品种。

（一）中心产区及分布

西门塔尔牛主要产地为瑞士西门塔尔平原和萨能平原。在法、德、奥等国边邻地区也有分布。西门塔尔占瑞士牛只的50%、奥地利的63%、联邦德国的39%，现已分布世界多个国家，成为世界分布最广的乳肉役兼用型品种之一。2006年，中国西门塔尔牛品种在内蒙古和山东省梁山县同时育成。中国西门塔尔牛由于培育地点的生态环境不同，分为平原、草原、山区3个类群，种群规模达100万头。该品种被毛颜色为黄白花或红白花。早期生长快是该品种的主要特点之一。因此，将成为我国未来牛肉生产的重要利用品种。

（二）产区的自然生态条件

西门塔尔牛分布北到我国东北的森林草原和科尔沁草原，南至中南的南岭山脉区，西到新疆的广大草原和青藏高原等地。各地的自然环境变化极大，夏季平均最高气温从中南地区的30℃到东北的0℃，冬季最低平均气温从南方的15℃到北方的-20℃，绝对最高最低气温则变化更大。各地的年平均降水量在200~1 500 mm不等，海拔最高的达3 800 m，最低的仅数百米。因此，土壤、作物、草原草场的植被类型差异悬殊，西门塔尔牛均能很好适应，除地处3 800 m以上的西藏彭波农场宜从犊牛阶段引种以外，各地均可自群繁殖种畜。

二、品种来源及发展

（一）品种来源

关于西门塔尔牛的来源，多数研究者认为，是5世纪由斯堪的纳维亚半岛布尔贡德输入的牛，逐渐代替了瑞士西门河谷地区的伯尔尼牛，并选育成为现在的西门塔尔牛。

19世纪后半期，西门塔尔牛在世界各国拥有很大销路，由瑞士输入德国、法国、意大利及大多数巴尔干半岛国家。1880年输入俄罗斯。估计全欧洲有西门塔尔牛4 000多万头。近年来，英国、澳大利亚、美国、加拿大、巴西等国家先后引入西门塔尔牛进行纯种繁育或同本国牛进行杂交。

（二）群体的数量消长

西门塔尔牛已是全世界分布最广、数量最多的牛品种之一。在欧洲南部和西部主要是乳肉兼用；在美国、加拿大、新西兰、阿根廷及英国等作肉乳兼用或肉用。许多国家成立育种协会进行选育。1972年10月在西德召开了第一届国际西门塔尔牛育种会议。

中国于1912年、1917年从欧洲引入西门塔尔牛，中华人民共和国成立后，又先后从苏联、瑞士、联邦德国、奥地利等国多次引入。这些引入牛有的进行纯种繁育，有的用于杂交改良，1981年成立中国西门塔尔牛育种委员会，使该牛的育种日益走向正规，加速了选育的进程。在中国西门塔尔牛育种委员会领导下，组织25个省、市、自治区，经过20年的选育，核心群遗传进展明显，培育了中国西门塔尔牛新品种，建立了中国西门塔尔牛山区、草原、平原类群，核心群达2万头，年提供特一级种公牛250头，育种区群体规模近175万头，现存改良牛602万头，占全国改良牛群的1/2。主要分布在22个省（区）。

广西于1977年、1989年和2001年引进西门塔尔牛共40头，其中2001年从新疆和四川引进30头，落户于广西壮族自治区畜牧研究所，至今发展到122头，其中向社会推广种牛51头。

三、体型外貌

西门塔尔牛属大体型宽额牛种，头大、额宽、颈短、角较细。体躯硕长，发育良好，肋骨开张，胸部宽深、圆长而平，四肢粗壮，大腿肌肉丰满。体表肌肉群明显易见，体躯深；骨髓粗壮坚实，背腰长宽而平直，臀部肌肉深而充实、多呈圆形，尻部宽平，母牛乳房发育中等，泌乳力强。乳肉兼用型牛体型稍紧凑，肉用品种体型粗壮。

西门塔尔牛被毛柔软而有光泽。毛色多为红白花、黄白花，肩部和腰部有大片条状白毛，头白色，前胸、腹下、尾帚和四肢下部为白色；北美地区的部分西门塔尔牛种群为纯黑色，皮肤为粉红色。各国西门塔尔牛体高和体重见表1。

表 1　各国西门塔尔牛体高和体重

国家	名称	体高（cm）		体重（kg）	
		公	母	公	母
瑞士	西门塔尔牛	140~145	125~140	1 080	750
联邦德国	花斑	140~145	130~136	950~1 050	600~700
法国	蒙贝利亚	144	138	800~1 000	650~750
法国	阿邦当斯	147	130	900~1 100	600~680
意大利	弗利乌利红花	156	144	1 200	750
中国	西门塔尔牛	145	134	909	572

西门塔尔牛

四、品种保护与研究利用状况

目前尚未建立保种场或保种区，也没有提出过保护、利用计划和建立品种登记制度。

经过40多年的繁育对比，尤其在乳肉生产性能和役用性能方面，发现西门塔尔牛均有良好性能，目前其产乳性能尚未得到正常的发挥，若扩大纯种繁育，对巩固乳品生产基地有极大好处。我国肉牛育种起步晚，技术体系不完善，集中体现在育种群规模小、性能测定和遗传评定体系均在初级小规模阶段。

截至2007年，在80多个县（市）农村推广用西门塔尔牛杂交改良本地黄牛，取得较好效果。近年来，广西壮族自治区畜牧研究所，在紧密配合抓好面上杂交改良的同时做好种牛的引种观察和种牛纯繁、选育提高工作。广西贺州西牛牧业有限公司，以"公司＋基地＋农户"的经营模式，开展黄牛杂交利用，发展西门塔尔牛养牛业，培育良种，为广大农民致富奔小康做了大量工作。

五、对品种的评价和展望

西门塔尔牛为世界著名的兼用品种。是全世界分布最广、数量最多的牛品种之一。西门塔尔牛适应性强，耐粗饲，体质结实，性情温驯，产乳产肉性能好，生长快，育肥效果好，屠宰率高，胴体脂肪含量少，肉品质好，饲料报酬高，遗传性稳定。杂交本地黄牛效果显著。主要缺点是初产母牛难产率较高，高温高湿季节易患蹄病。为此，应做好初产母牛难产和蹄病预防的同时，大力发展西门塔尔养牛业，加大力度用本品种与本地黄牛杂交，可培育乳肉或肉乳兼用牛，提高养牛业经济效益。

安 格 斯 牛

一、一般情况

安格斯牛为黑色无角肉用牛。全称阿伯丁—安格斯牛（Aberdeen-Angus）。起源于苏格兰东北部，原产于英国苏格兰北部的阿伯丁、安格斯和金卡丁等郡，是英国古老的小型肉用品种。

（一）中心产区及分布

安格斯牛的起源及其育成经过尚有争论。18世纪末才开始有组织地开展育种工作，主要按早熟、肉的质量、屠宰率、饲料报酬和犊牛成活率进行选育。也曾用过严格的近亲交配和严格淘汰。1862年开始进行良种登记，1892年出版良种簿。此间该牛广泛分布于英国，19世纪开始向世界各地输出，并输入德国、法国、丹麦、美国、加拿大及拉丁美洲和大洋洲的一些国家。目前，安格斯牛分布于世界大多数国家。在美国的肉牛总头数中占1/3，是澳大利亚肉牛业中最受欢迎的品种之一。

我国从1974年起先后从英国、澳大利亚和加拿大等国引入，目前主要分布在新疆、内蒙古、东北、山东和湖南等地。广西于1998年从澳大利亚引进安格斯牛（公4头，母18头）22头，分别落户于广西畜禽品种改良站、广西黔江示范牧场。广西四野牧业从澳大利亚引进120头纯种安格斯牛。为加快地方品种的改良利用，广西畜禽品种改良站先后购置安格斯牛冻精4.2万份，用于改良广西本地黄牛。

（二）产区的自然生态条件

安格斯牛耐粗饲，对环境条件的适应性强，比较耐寒。公牛性情温驯，母牛稍有神经质。因无角，故管理较易，适于放牧或集约饲养。抗病力强，产乳量较高，犊牛生长快。冬季被毛密长，易感染体外寄生虫，由于痒感而影响健康，应在每年秋季进行药浴。根据我国湖南省南山牧场观察，安格斯牛体格结实，性活泼，采食力强，适应性广，特别耐干旱，在恶劣的生活条件下，也能保持良好的产肉性能。湖南省的南山海拔 1 700 m 左右，多雨潮湿，是陡山草地与沼泽地，牛群日夜野营放牧。而安格斯牛由于蹄质结实，行动灵活，行走能力极强，陡坡上的草与灌木叶都能采食到。安格斯牛有较强的抗焦虫病能力。据检查，在南山牧场，该种牛百分之百带虫，但不发病。

二、体型外貌

安格斯牛以被毛黑色和无角为其重要特征，故也称其为无角黑牛。部分牛只腹下、脐部和乳房部有白斑，出现率约占 40%，不作为品种缺陷。美国、澳大利亚已选育成红色安格斯牛品种，红色安格斯牛被毛红色与黑色安格斯牛在体躯结构和生产性能方面没有大的差异。

安格斯牛体型较小，体躯低矮，体质紧凑、结实。头小而方正，额部宽而额顶突起，眼圆大而明亮、灵活有神。嘴宽阔，口裂较深，上下唇整齐。鼻梁正直，鼻孔较大，鼻镜较宽、呈黑色。颈中等长、较厚，垂皮明显，背线平直，腰荐丰满，体躯宽深、呈圆桶状，四肢短而直，且两前肢、两后肢间距均较宽，体形呈长方形。全身肌肉丰满，体躯平滑丰润，腰和尻部肌肉发达，大腿肌肉延伸到飞节。皮肤松软、富弹性，被毛光亮、滋润。

黑色安格斯牛

红色安格斯牛

三、品种保护与研究利用状况

安格斯牛是肉牛生产的主要品种之一，该牛适应能力强，生长速度快，具有初生重小、易产、生长快、早熟和肉质好的特点。在美国常见的肉牛品种中，安格斯牛被认为最具大理石花纹生成特性。近年来，中国很多省市相继从加拿大、美国、澳大利亚等国大量引进安格斯种牛、胚胎、冻精进行扩繁和杂交改良，在改良地方牛品种、生产优质高档牛肉方面取得了显著成效。安格斯牛目前尚未建立保种场或保种区，也没有建立品种登记制度。只是广泛用于杂交改良广西体型小、生产性能低的本地黄牛。广西从 1982 年开始引进安格斯牛冻精用于杂交改良本地黄牛，截至 2008 年，累计供应全区各地品改站（点）安格斯牛冻精 10 万头份，各牛品改站（点）使用冻精 7.85 万头份，人工冻配本地母牛 4.95 万头。以黄牛平均受胎率 50%，成活率 90% 计算，累计生产杂交牛 2.23 万头。

四、对品种的评价和展望

安格斯牛初生体重虽小，耐粗饲，对环境条件的适应性强，比较耐寒。生长快，从初生到周岁日增重 0.9 ~ 1kg。胴体品质及出肉率高，肉的大理石纹状好，优质肉多。安格斯牛公牛性情温驯，因无角，易管理。适于山地放牧或集约饲养，抗病力强，产乳量较高，母牛难产率低，带犊能力强，繁殖率高。缺点是母牛及其杂交牛稍有神经质，易受惊，应加强管理；冬季被毛密长，易感染体外寄生虫，应在每年秋季进行药浴。本品种与本地黄牛杂交，可培育成生长速度较快、产肉率较高、肉品质较好的肉用牛，提高养牛业经济效益。鉴于目前我区该品种群体不大的实际情况，应结合自身发展的优势条件，综合开发利用当地资源，开展扩繁和选育。

利木赞牛

一、一般情况

利木赞牛（Limousin），原产于法国中部的利木赞高原，并因此得名。是法国著名的肉用型品种，数量仅次于夏洛莱牛，是欧洲大陆第二大品种。其祖先可能是德国和奥地利黄牛。

（一）中心产区及分布

原产于法国中部贫瘠的土地上，并集中分布于法国的维埃纳省、克勒兹省西部和科留兹省，并延伸到安德尔省、发朗德省、多尔多涅省的一部分。

（二）产区自然生态条件

本品种适应地区海拔较低，土壤肥力不匀，主要耕种饲料。此外，利木赞牛在法国其他省份也逐渐增多，尤其在西南部深深扎了根，这个地区是山岳地带。气候不好又多雨，也是土地瘠薄的花岗岩地区，是棕色牛的一个家族的一个分支，现已形成所谓红牛区，在中央牧区的西部和南部边远地区，为了生产小肉牛，利木赞牛很适宜用来作经济杂交。

二、品种来源及发展

法国利木赞牛现有 73 万头，占饲养总头数的 3.5%，其中成年母牛约 35 万头。当前系谱登记的牛有 3.35 万头，分属于 1 300 个牧场饲养。这个品种是从 1850 年开始培育的，1860—1880 年，由于农业生产的提高和草地改良，利木赞牛有了充足饲料，因而得到了很大的发展。1886 年建立了利木赞牛种畜登记簿。1900 年以后进行了慎重的改良，从最初役用，后来役肉兼用，最后向专一的肉用方向转化，但从未作过乳用。

法国利木赞种牛出口历史久远，19 世纪末就开始对巴西和阿根廷出口，现已遍及全世界气候条件各异的 60 多个国家。我国从 1974 年起数次从法国引入，在河南、山西、内蒙古等地改良当地黄牛。广西于 1998 年和 2002 年从澳大利亚引进利木赞种公牛共 5 头，分别落户于广西畜禽品种改良站、广西黔江示范场。为解决种源不足，1995—2007 年，广西畜禽品种改良站从外省购进利木赞牛冻精累计 161.05 万头份，其中，1999—2007 年，累计购进 157.5 万头份，用于改良广西本地黄牛。

三、体型外貌

利木赞牛大多有角，角为白色。母牛角细，向前弯曲；公牛角粗且较短，向两侧伸展，并略向外卷曲。公牛肩峰隆起，肉垂发达。蹄为红褐色。头较短小，额宽，嘴短小，胸部宽深，前肢发达，体躯呈圆桶形，胸宽而深，肋圆，背腰较短，尻平，背腰及臀部肌肉丰满。四肢强壮，骨骼细致。体躯较长，全身肌肉发达，后躯呈典型的肉牛外貌特征。

毛色多为一致的黄褐色，也可见到黄褐色到巧克力色的个体，口、鼻、眼周、四肢内侧及尾帚毛色较浅，背部毛色较深，腹部毛色较浅。被毛较厚。

四、品种保护与研究利用状况

利木赞牛引入我国广西等省（区）后，广泛用于杂交改良。由于利木赞牛是由役用型牛培育而成的纯种肉牛品种，毛色纯一，在改良我国和广西役用黄牛方面获得了良好效果。利木赞牛与黑龙江黄牛杂交，初生重由本地黄牛的 20 kg 提高到 35 kg。内蒙古黑城子种畜场，利蒙杂交一代牛强度肥育，13 月龄体重达 407.8 kg，82 天肥育期内日增重达 1 429 g，屠宰率 56.70%，净肉率 47.30%。河南省南阳黄牛所用利木赞牛与南阳牛杂交，肥育期日增重为 750 g，而南阳牛则为 635 g，利南一代杂一岁半公牛体重 366.83 kg，同龄南阳牛为 292.32 kg。从体躯结构看，利南杂牛体长指数、胸围指数、腿围指数分别比南阳牛增加 8.01%、13.83% 和 10.26%，屠宰率和净肉率也有明显提高。在广西利木赞杂交牛表现适应性强，耐粗饲，生长快，毛色纯黄或淡黄色，易管理，好饲养，推广到农村，深受广大农户欢迎。

利木赞牛引入广西时间不长、头数极少，而且引入只是公牛。目前尚未建立保种场或保种区，也没有建立品种登记制度。只是广泛用于杂交改良广西体型小、生产性能低的本地黄牛。广西从 1995 年开始用利木赞牛杂交改良本地黄牛，截至 2008 年杂交改良面达 96 个县（市、区）。从 1999 年至 2008 年 8 月广西畜禽品种改良站累计供应全区各地牛品改良站（点）利木赞牛冻精 153.50 万头份，各牛品改良站（点）使用利木赞牛冻精共 146.10 万头份，人工冻配本地黄牛 107.41 万头。以黄牛平均受胎率 50%，成活率 90% 计算，累计生产杂交牛 48.33 万头。

五、对品种的评价和展望

利木赞牛具有体格大、体躯长、结构好、较早熟、瘦肉多、性情温驯、生长补偿能力强等特点。对各种环境条件适应性强，耐粗饲，在饲料不足的情况下，能以最低的日粮维持生命，一旦饲养水平恢复正常，就能迅速补偿生长。适宜放牧饲养，能在单位面积牧场上获得较高产肉量。此外，早熟，生长速度快，出肉率高，适宜生产小牛肉。繁殖好：公牛性活动常年稳定，不受季节影响，精液质量好；母牛难产率低，受胎率高，利用年限及寿命长等特点。本品种与本地黄牛杂交效果好，可培育为生长速度较快、产肉率较高、役用力较强的肉役兼用牛，提高养牛业经济效益。

我国用利木赞牛作为父本杂交改良本地黄牛，其杂交后代都表现出显著的杂交优势，饲料利用率、生长速度和屠宰性能等方面优势明显。

娟姗牛

一、一般情况

娟姗牛（Jersey）原产于英国娟姗岛，以乳脂率、乳蛋白率高、乳房形状好而闻名，属小型乳用品种，是英国古老的乳用牛品种之一。

（一）中心产区及分布

娟姗牛，原产于英吉利海峡的娟姗岛，是乳牛著名的品种。该品种在血统上与瑞士褐牛、德温牛和凯瑞牛有关系，而与荷斯坦牛没有关系。

（二）产区的自然生态条件

娟姗岛气候温和，多雨，年平均气温在10℃左右，牧草茂盛，农业以马铃薯、蔬菜和养牛为主。牛终年放牧，冬季有优质的粗饲料和大量根茎类多汁饲料补饲，适宜的自然环境、优厚的饲料条件和当地养牛者的长期精心选育而形成现在性情温顺、高乳脂率的娟姗牛品种。娟姗牛抗病能力较强，统计2006年1月至2007年7月，牛群发病率2.61%，主要有消化不良、乳腺炎、肢蹄病、外伤、犊牛腹泻等，其发病率比荷斯坦牛低，病程也较短。娟姗牛较耐热，同样饲养管理条件下，娟姗牛抗热性能较荷斯坦牛、西门塔尔牛好。在炎热夏天，娟姗牛产奶下降速度比荷斯坦牛慢，同等条件，荷斯坦牛7月比6月产奶下降15.56%，娟姗牛只下降9.31%。

二、品种来源及发展

大约距今200多年，在英国娟姗岛由本地牛和法国的布列塔尼牛、诺曼底牛杂交而育成。主要分布在英国、美国、新西兰、丹麦、苏联较多，其他国家也有一定数量。新西兰约有200万头，占奶牛的一半。新西兰常年气候温和，牧草资源丰富，质量好，平均每头牛占有草地面积50～60 hm²。在当地娟姗牛初生犊牛多采用人工喂养或用少数泌乳母牛作奶妈带养（1头母牛带哺几头犊牛），一般3～6月龄断奶，断奶后至开产阶段在围栏的草地轮牧，较瘦的牛适当补点干草或青贮。母牛以天然放牧为主，每天挤奶两次，挤奶时补点青贮和糖蜜，很少饲喂精料。当前许多国家均有饲养，尤以美国、加拿大、新西兰、澳大利亚、丹麦和苏联等国数量为多。1949年以前，中国各大城市曾饲养，后逐渐被黑白花牛取代，所剩很少，血液也不纯一。近年来我国的广东、四川等省也引进娟姗牛。

2003年，广州市和北京市从美国引进约200头娟姗牛母牛和种公牛。之后四川、广东、广西、山东、上海等地从澳大利亚和新西兰都引进了一定数量的娟姗牛。2005年2月，广西从新西兰进口娟姗育成母牛98头，饲养于广西壮族自治区畜牧研究所。经过3年多繁育，除部分母牛用作生产胚胎外，截至2008年6月，共繁殖犊牛119头，其中公犊56头（绝大部分出生后即淘汰），母牛63头，现已有少量种牛推广到广西贺州市和海南岛，现牛群存栏136头。但从总体来讲，我国引进的娟姗牛数量较少，尚未建立相应的育种组织。

三、体型外貌

娟姗牛皮薄，被毛短细、具有光泽，毛色为深浅不同的褐色，以浅褐色为主，少数毛色带有白斑；腹下及四肢内侧毛色较淡，鼻镜及尾帚为黑色，嘴、眼圈周围有浅色毛环。娟姗牛是典型的小型乳用牛，性情温驯，具有细致紧凑的体型，头小而轻，两眼间距离宽，眼大有神，面部中间稍凹陷，耳大而薄。角中等大，呈琥珀色，角尖黑，向前弯曲；颈薄且细，有明显的皱褶，颈垂发达；胸深宽，背腰平直；尾细长，尾帚发达；尻部方平，后腰较前躯发达，侧望呈楔形；全身肌肉发育稍差，四肢端正，骨骼细致，关节明显。母牛乳房容积大，多为方圆形，发育匀称，质地柔软，但乳头略小，乳静脉发达。

据资料介绍，娟姗牛体格小，成年体重公牛650～750 kg，母牛340～450 kg，犊牛初生体重23～27 kg。成年母牛体高113.5 cm左右，体长133 cm左右，胸围154 cm左右，管围15 cm左右。英国的娟姗牛体格较小，而美国的相对较大。

广西区畜牧研究所对从新西兰进口的和在广西自繁的头胎娟姗牛进行了测量，其体尺、体重见表1。

表1 娟姗牛体尺、体重

类别	性别	年龄	头数	体高（cm）	体长（cm）	胸围（cm）	管围（cm）	体重*（kg）
自繁牛	公	初生	26	65.50±2.97	59.35±2.68	65.56±2.82	10.08±0.5	22.78±2.94
		6月龄	7	96.93±5.34	99.71±2.16	120.57±6.88	13.07±0.84	129.14±19.15
		一岁	6	105.83±4.45	122.67±15.16	154.17±8.86	15.17±0.68	272.67±54.27
	母	初生	29	64.21±2.77	58.28±3.48	64.34±2.64	9.40±0.77	20.99±2.94
		6月龄	48	91.11±2.79	97.89±3.96	117.01±4.43	13.00±0.56	126.17±12.22
		一岁	29	103.05±2.81	115.48±5.03	144.93±5.90	13.81±0.76	225.61±27.33
进口牛	母	二岁	98	114.22±3.20	135.09±13.33	167.33±4.23	17.00±0.13	353.84±26.05
		三岁	92	118.32±3.84	141.60±5.18	175.24±8.95	17.85±0.80	404.54±53.07
		四岁	78	119.42±3.95	145.41±4.89	182.18±7.19	18.55±0.78	443.04±62.78

注：*代表一岁以上体重为估重，公式为：体重（kg）＝胸围^2×体斜长/10 800

四、品种保护与研究利用状况

2000—2006 年，中国先后从美国、澳大利亚等国引进一些娟姗牛，主要用于杂交改良中国南方地区的小体型本地牛和发展优质乳制品生产。娟姗牛与荷斯坦牛杂交一代比纯种荷斯坦牛培育提高 0.8% ~ 1%。且对热应激、乳腺炎、生殖系统疾病和肢蹄病表现出良好的抵抗力。我国国内的纯种娟姗牛数量较少，山东等地利用现代胚胎工程技术开展了娟姗牛的扩繁，北京等地种公牛站利用引进的娟姗牛种公牛生产冻精，但目前尚未建立娟姗牛育种组织和实施具体繁育措施。

广西壮族自治区畜牧研究所依据娟姗牛乳脂率高、荷斯坦牛产奶量高两大优点，开展以娟姗公牛冷冻精液配荷斯坦母牛的杂交试验，以培育比较耐热、产奶量高而奶质又好的杂交组合，目前试验在进行中。

五、对品种的评价和展望

娟姗牛具有良好的耐热、抗疾病能力，难产率低，繁殖率高，且能够适应广泛的气候和地理条件，娟姗牛以高乳脂率和乳蛋白率而闻名，表现出乳质浓厚、乳脂率高、乳房形状好，单位体重产奶量高等特点。在广州饲养过程中，表现出比荷斯坦奶牛肢蹄病、乳腺炎、流行热、焦虫病等有较强的耐受能力，广西壮族自治区畜牧研究所引进后经过 3 年多的饲养观察，娟姗牛在广西具有很好的适应性，其生长发育、生产性能和繁殖性能良好。是广西引进的不可多得的优良奶牛品种，是我国奶业中重要的品种资源，适合在南方炎热地区饲养，因此，利用引进的娟姗牛与本地黄牛进行杂交，培育和繁殖高代杂交后代，提高当地奶牛整体生产水平和经济效益。

和 牛

一、一般情况

日本和牛（Japanese Black cattle），是当今世界公认的最优秀的良种肉牛。其肉大理石花纹明显，又称"雪花肉"。在日本被视为"国宝"，在西欧市场也极其昂贵。

（一）中心产区及分布

历史上黑毛和牛主要分布于日本中部地区，现今已转移到九州及东北部地区，全日本各地都有小批量饲养。而且现今日本和牛主要集中分布于北海道、鹿儿岛、宫崎、岩手、熊本、高知和长崎等地。

（二）产区自然生态条件

日本和牛原产于风景如画、环境优美的日本关西兵库县的但马地区。当地山野中盛产各种草药，放牧的草场上，绿草中都夹杂生长着一些不知名的草药，和牛就是在这种环境中吃着草药、喝着矿泉水慢慢长大的。日本和牛是在日本土种役用牛基础上经杂交培育成的肉用品种。兵库县面积较大，地形复杂，且受横贯兵库县中央的"中国山地"影响，气候变化多端，年平均气温15.8℃，平均降水量1 265 mm。北部地区冬季多雪；南部地区气候温暖湿润；濑户内海沿岸地区降水量少，气候温暖；日本海沿岸地区阴雨天多，是冬季来自蒙古—西伯利亚的冬季风经过日本海时增加了湿度，因此降雪量多是和牛生存的自然环境，全年气候较为温和。温暖湿润的气候非常适宜和牛的生长发育。

二、品种来源及发展

（一）品种来源

现今日本和牛的起源来自何处尚未定论。但大多数说法是外来民族迁入时，从南部邻国及北部的中国、朝鲜半岛带入的，据考证我国的蒙古牛、鲁西牛对和牛的血统都有一定影响。明治维新后，才开始逐渐引入欧洲牛进行杂交改良，杂交改良阶段先后导入瑞士褐牛、短角牛、德温牛（Devon，英国）、西门塔尔牛、爱尔夏牛及荷斯坦牛的血统，血缘相当复杂。20世纪50年代以前偏重役乳兼用，50年代中后期转向肉用，通过有计划地近交固定和后代选育，在1970年全日本国第二届和牛育种共进会上，宣告日本独特的"黑毛和牛"肉牛正式诞生。已有近4000头牛达到育种要求。

（二）和牛数量的消长

1995年，内蒙古旭日生物高技术股份有限公司引进胚胎纯繁黑毛和牛，1996年出生第一胎纯种和牛，存栏黑毛和牛33头。2001年，我国首例和第二例利用日本和牛"P黑156谷秀的女儿和P黑125热富士的女儿"健康成活的体细胞克隆牛"康康"和"双双"在山东省莱阳农学院诞生。2004年，中国建立克隆牛产业基地，通过与农户合作、人工授精改良本地黄牛，委托育肥等与大企业合作，扩大产业营销力度。2009年优质肉牛新种质培育处于国内领先，在国内建成了集繁育、育肥、屠宰加工于一体，产学研相结合的肉牛新种质产业化开发基地，达到了年繁育肉牛1万头，育肥出栏5000头的规模，为我国高档优质肉牛的产业化推广打下了坚实的基础。广西宾阳祥岭牧业有限公司、桂林滔滔发牧业有限公司等也有引进，但是数量较少。

三、体型外貌

黑毛和牛毛色为黑色，毛尖部带有褐色，皮肤暗灰色，角端黑色，角根水青色，在日本4个肉牛品种中该牛体型偏小，但体躯紧凑，四肢强健，前中躯充实，后躯及后腿部稍欠发达，成年母牛体高125～131 cm，体重510～610 kg；成年公牛体高139～146 cm，体重890～990 kg。

四、品种保护与研究利用现状

我国利用引进的专门的肉用品种和牛进行改良当地牛，经过几年努力，形成了良种规模。我国利用引进的黑毛和牛进行扩繁并生产冻精。为防止近亲配种，利用各种渠道从国外引进公牛精液及胚胎，进行扩繁。利用和牛精液主要与杂交肉牛进行三元杂交，杂种母牛选择安格斯、蒙古牛的杂种，利木赞与蒙古牛的杂种。同时为了适当提高和杂牛的早熟性，适当导入了安格斯牛血统。

五、对品种的评价和展望

目前日本主要以黑色和牛为主，约占日本肉牛的 86%，是日本牛品种分布最广、数量最多的一个肉牛品种。在育种过程中重点考虑了肉的品质、肌肉内脂肪沉积，优质胴体产量登记和背最长肌眼肌面积等的遗传性状的改进，并修订了肉牛的胴体分级标准。黑色和牛的肉质特点主要为肌肉纹理细微，肌肉中的脂肪沉积好，肉嫩，味浓郁，优质肉比例高，屠宰后优质肉雪花肉量大大超过美国优质牛肉量。今后国内可以利用引进的纯种和牛品种生产冻精和胚胎，对我国的地方品种牛进行改良利用，提高地方品种的产肉率和优质牛肉的产量，具有更广阔的市场。

婆罗门牛

一、一般情况

婆罗门牛（Brahman）属于肉用瘤牛血统。培育于美国南部。血统来源复杂，以印度瘤牛品种为主，含有英国肉牛品种及巴西、墨西哥瘤牛等血统。

（一）中心产区及分布

地理分布：婆罗门牛是在美国南部亚利桑那州、新墨西哥州和得克萨斯州炎热的沙漠和半沙漠地区育成的。但近年来，已分布于美国的46个州，即在热带和亚热带的许多地区都有繁育。婆罗门牛已出口到60余个国家，广泛应用于杂交繁育。

（二）产区自然生态条件

婆罗门牛适应热带亚热带气候，且最适于全放牧饲养的优良肉牛品种，具有良好的耐热、抗寄生虫、耐粗饲、环境适应能力强和生产潜力大的优点。耐苦，对饲料条件要求不严，能很好地利用低劣、干旱牧场上其他牛不能利用的粗糙植物。也能适应围栏肥育管理，并具有很快上膘的性能。耐热，不受蜱、蚊和刺蝇的过分干扰。对传染性角膜炎及眼癌有抵抗力。犊牛初生重小，但因母牛产乳量高，因此犊牛生长发育快。婆罗门牛利用年限长、合群性好。好奇胆小，但容易调教。婆罗门牛具有改良我国南方炎热地区黄牛转向肉用牛的特性。

二、品种来源及发展

婆罗门牛最早源于印度、斯里兰卡、巴基斯坦等地，很早以前印度人视其为"印度神牛"，不吃牛肉、不屠宰、也不出售，因此要从印度进口婆罗门牛很困难。1854年，印度人赠送两头印度公牛以答谢一位英国棉花和甘蔗种植专家，随后这两头牛的后代在英吉利海峡小有名气；1885年，两头印度牛被运抵休斯敦和得克萨斯州，印度瘤牛在美国的杂交尝试开始；1905—1906 年，33 头具有印度瘤牛体型的牛进口到得克萨斯州；1910—1920 年，先后有近 300 头印度牛进入美国，在美国西南部地区及墨西哥湾沿岸初具婆罗门牛育种的雏形。进口的牛中绝大多数是公牛，与欧洲肉牛级进杂交 5 代以上，含瘤牛血统 31/32，后裔都表现出瘤牛的体态特征，培育成了适应于热带亚热带炎热地区及干旱、沙漠地带的瘤牛品种，1924 年成立了婆罗门牛品种协会。20 世纪 60 年代巴西育种学家先后从印度引种 7 000 多头瘤牛到南美洲；澳大利亚早期婆罗门牛的引种可追溯到 19 世纪末 20 世纪初，但直到 1933 年昆士兰州才大量进口婆罗门牛，1950—1954 年，也多次由美国进口婆罗门牛，目前澳大利亚肉牛生产中含瘤牛血统的牛占到 65% 以上。非洲在上百年前也进口印度瘤牛，并大量开展了与本土牛的杂交，杂交后代几乎扩散至整个非洲板块。印度瘤牛的优良特性也在 19 世纪晚期非洲暴发牛瘟时得到了印证，很多普通牛死亡了，而含有印度瘤牛血统的牛有一定的抵抗性，另外，具有瘤牛体态的几个非洲牛品种都无印度瘤牛的线粒体世系。云南省分别于 1993 年、1998 年从澳大利亚引进婆罗门牛 24 头（8 个家系）、99 头（12 个家系），并在小哨驯化饲养，为云南省南部热带、亚热带地区肉牛杂交繁育体系建设提供了重要的品种支撑，目前在小哨示范牧场有 260 头的纯种种群规模，并在大理、文山、保山、思茅等地州小范围内作为父本使用。

三、体型外貌

婆罗门牛头或颜面部较长，耳大下垂。有角，两角间距离宽，角粗，中等长。公牛瘤峰隆起，母牛瘤峰较小。垂皮发达，公牛垂皮多由颈部、胸下一直延连到腹下，与包皮相续。体躯长、深适中，尻部稍斜，四肢较长，因而体格显得较高。母牛的乳房及乳头为中等大。皮肤松弛，一般都有色素。毛色多为银灰色。

四、品种保护与研究利用现状

婆罗门的选育过程中，以肉质、出肉率、产犊顺利和耐热抗蜱能力为主进行选择。良好的耐热性、抗焦虫病及抗体内外寄生虫病的能力，耐粗饲能力，良好的环境适应能力和出肉率，以及与血缘较远的普通牛品种间有明显的杂种优势，使其在现代肉牛品种的培育和优质肉牛生产中占有不可忽视的作用。在现代肉牛新品种的杂交培育中，婆罗门牛起了非常大的作用。1930—1961年，美国用海福特、短角牛和婆罗门牛杂交，培育出了肉牛王，含有1/2婆罗门牛血统；1910—1940年，用婆罗门牛和短角牛杂交，培育了圣格特鲁牛，含3/8婆罗门牛血统；1936年起，用婆罗门牛与夏洛来牛杂交，育成了夏白雷牛，含1/8～3/8婆罗门血统；用夏洛来牛、海福特牛与婆罗门牛杂交选育出夏福特牛，含1/8婆罗门牛血统。

1979年2月，邓小平同志访美期间，美国前总统尼克松赠送给中国1头婆罗门种公牛，饲养在广西壮族自治区畜牧研究所。20世纪80年代，福建利用婆罗门牛同闽南牛杂交，杂交后产奶性能、肉用性能、役用性能和耐热性能均有所提高。根据广西壮族自治区畜牧研究所研究结果，在相同饲养条件下，婆杂一代牛平均日增重395 g，平均屠宰率达到54.6%。云南省草地动物科学研究院的科研人员，利用婆罗门牛（Brahman）、莫累灰牛（Murray Grey）和云南黄牛（Yunnan Yellow cattle）3个品种杂交选育，经过30余年培育成含1/2婆罗门牛、1/4莫累灰牛、1/4云南黄牛血缘的云岭牛新品种，并于2014年12月获国家畜禽遗传资源委员会颁发的畜禽新品种证书。

五、对品种的评价和展望

婆罗门牛耐热性能好，繁殖能力强，肢体强健，善攀能走，特别适于山区和半山区养殖。与中国黄牛的杂交优势明显，顺产率高，耐粗饲，且抗蜱虫性能好，非常适合南方过灌木丛的草场饲养。利用婆罗门牛进行杂交改良，对于中国南方地区利用本地黄牛资源，饲草饲料资源生产肉牛有重要作用，有望解决中国南方肉牛增重慢、屠宰率低、净肉率低的难题，通过培育形成适应南方地区的配套系，还可发挥黄牛肉质好的特性。

新 疆 褐 牛

一、一般情况

新疆褐牛（Xinjiang brown）为乳肉兼用品种，其母本为哈萨克牛，父本为瑞士褐牛。曾统称为"新疆草原兼用牛"，于1979年全疆养牛工作会议上统一名称为"新疆褐牛"。1983年通过新疆维吾尔自治区畜牧厅组织的品种审定。

（一）中心产区及分布

新疆褐牛中心产区位于新疆伊犁河谷及塔额盆地。主要分布于伊犁州昭苏县、特克斯县、巩留县、新源县、尼勒克县和伊宁县以及塔城地区裕民县、塔城市、额敏县；在阿勒泰、昌吉、哈密、巴州等其他地区也有少量分布。现有种群规模为120多万头，其中符合品种标准的新疆褐牛约占30%，其他为新疆褐牛的改良牛。

（二）产区自然生态条件

新疆褐牛对于恶劣的气候和粗放的饲养条件，具有较强的适应能力，能耐严寒酷暑和粗放饲养，放牧性能好，抗病力强，为其他引入品种的杂种牛所不及。特别是在与本地黄牛几乎同样粗放的饲养条件下，新疆褐牛保持了原有当地品种的适应能力，并具有较高的产乳和产肉性能。所以新疆褐牛广布全疆各地，并受到广大农牧民的喜爱。新疆褐牛肢蹄健壮、坚实，能在海拔2 500 m高山、坡度25°的山地放牧，冬季被毛密、长毛底部密生绒毛，既可在 –40℃、雪深20 cm的草场上拱雪采食牧草，也能在海拔低、气温高的吐鲁番盆地生存。在一般放牧饲养条件下（中等草场全天放牧不补饲草料），冷季保膘能力与本地黄牛相同。但在草场、棚圈条件很差，甚至饥寒交迫时，由于新疆褐牛个体较大，需要营养多，比本地黄牛掉膘快。在抗病力方面与本地黄牛相同，具有较强的抗病能力。新疆褐牛由于饲养条件的限制，在生长发育和生产性能上还有较大潜力没有充分发挥。

二、品种来源及发展

1. 品种来源

新疆褐牛是以当地黄牛为母本，引用瑞士褐牛、阿拉托乌牛以及少量科斯特罗姆牛与之杂交改良，经长期选育而成。它包括原伊犁地区的"伊犁牛"、塔城地区的"塔城牛"和其他地区的褐牛。这些牛曾称为"新疆草原兼用牛"，后于1979年统一定名为"新疆褐牛"。

新疆褐牛于1935—1936年以从苏联引进的数批阿拉托乌牛和少量科斯特罗姆牛为父本，以当地哈萨克牛为母本杂交选育而成。1949年中华人民共和国成立后才开始有计划、大量地杂交改良和育种工作。1951—1956年成立了国营种畜场，建立了人工授精配种站，在伊犁、塔城、阿尔泰、石河子、昌吉、乌鲁木齐、阿克苏等褐牛较为集中的地区进行了大规模的杂交改良。到1958年，全自治区已广泛开展了新疆褐牛的育种和改良工作，塔城地区、乌鲁木齐等重点地区和种畜场都制定了育种方案。1979—1983年，又从联邦德国和奥地利引进了3批瑞士褐牛用于纯种繁育和杂交改良。1979年以来，先后制定了新疆褐牛鉴定标准、育种计划、品种归属办法，同时成立了育种协作组，有力推动了品种改良和品种的形成。1983年农牧渔业部制定了新疆褐牛品种标准，批准该新品种通过验收。

作为乳肉兼用型品种的新疆褐牛，还存在很多缺陷，如乳房前后延伸不够，有的附着不良、尖尻、斜尻、后躯发育不良等，生产性能参差不齐，毛色深浅不一致等。30多年来通过从奥地利、德国等地引进纯种瑞士褐牛进行杂交改良，采取了很多措施，加强了对新疆褐牛的选育提高工作。

2. 群体数量消长

新疆褐牛育成至今一直是新疆农牧区黄牛改良的主推品种，西北地区部分省市也有不少引进与繁育，具有"西北第一牛"的美称。有关调查与统计数据表明，1983年达到品种标准的新疆褐牛约有10 000头，各代杂交改良种牛约

24 万头，截至 2006 年，新疆褐牛纯种及各代杂交牛为 160 多万头。其中伊犁河谷存栏约 90 万头，塔城地区存栏约 36 万头，其他地区新疆褐牛存栏约 20 万头。2010 年达到了 180 余万头，占新疆所有牛总存栏量比重的 40%。

三、体型外貌

新疆褐牛属乳肉兼用型，体格中等大，体质结实，被毛、皮肤为褐色，色深浅不一。头顶、角基部为灰白或黄白色，多数有灰白或黄白色的口轮和宽窄不一的背线。角尖、眼睑、鼻镜、尾尖、蹄均呈深褐色。各部位发育匀称，头长短适中，额较宽，稍凹，头顶枕骨脊凸出，角大小适中，向侧前上方弯曲呈半椭圆形，角尖稍直。颈长短适中稍宽厚，颈垂较明显。鬐甲宽圆，背腰平直较宽，胸宽深，腹中等大，尻长宽适中，有部分稍斜尖，十字部稍高，臀部肌肉较丰满。乳房发育中等大，乳头长短粗细适中，四肢健壮，肢势端正，蹄固坚实。

新疆褐牛成年公牛体重达 970.5 kg，成年母牛体重达 451.9 kg 以上，但依饲养条件不同而有所变化（表 1）。

表 1　新疆褐牛成年公牛、母牛体尺及体重

性别	头数	体重（kg）	体高（cm）	体斜长（cm）	胸围（cm）	管围（cm）
公	30	970.5±87.4	152.6±5.5	196.2±10.6	236.5±6.1	25.3±1.1
母	172	512.8±55.5	127.1±3.4	159.5±8.8	178.7±7.8	18.9±1.0
母	42	451.9±85.9	121.7±5.7	158.1±9.1	182.0±14.3	19.7±1.1

数据来源：《中国畜禽遗传资源志》。

四、品种保护与研究利用现状

目前，新疆褐牛的研究主要集中于新疆褐牛的乳肉兼用型为主，在育种过程中通过引进优良种畜来提高其生产水平。当前新疆褐牛的饲养方式可分为舍饲和半舍饲放牧两种形式。半舍饲放牧的情况多存在于牧区，冬春季节舍饲，夏秋季节放牧，其特殊的饲养方式限制了新疆褐牛的生产能力。新疆褐牛当前的生产水平得到了一定程度的提高，但并没有更好地发挥其生产能力，仍有较大的发展和改良空间，尤其是在牧区的半放牧半舍饲条件下的新疆褐牛。因此，在今后的育种工作中，应该不断地加强优良种畜的选择，制定严格的遴选标准，

建立相应的生产性能测定体系，制定科学合理的育种方案，加快新疆褐牛的遗传进展，挖掘其生产能力，不断地提高其生产水平。

五、对品种的评价和展望

新疆褐牛属于乳肉兼用型品种，在发展肉牛产业上存在屠宰率不高、胴体产肉量低的弊端，在大理石纹的沉积与分布上，与专门化的肉牛品种在胴体质量与肉品质量上均存在一定的差距，今后应该结合市场导向，培育专门化的肉用品系，通过生产性能测定，根据产奶性能组建新疆褐牛的乳用型育种核心群，对于低产奶量的建立肉用类型培育基础母牛群，在各地现有的牲畜品种结构布局的基础上，分区域开展肉用类型、乳用类型的培育工作。结合现阶段新疆褐牛本品种选育以乌鲁木齐育种场等4个纯繁场为核心，构建现代新疆褐牛的良种繁育体系，加强新疆褐牛种质资源的监测力度，建立完善的品种登记、生产性能测定等选种选配工作，以进一步提高新疆褐牛的生产性能。

夏 南 牛

一、一般情况

夏南牛（Xia′nan）属于专门化的培育品种。是以法国夏洛来牛为父本，南阳牛为母本，夏南牛含夏洛来牛血统37.5%，含南阳牛血统62.5%。采用开放式育种方法培育而成的肉用牛新品种。2007年通过国家畜禽遗传资源委员会鉴定。

（一）中心产区及分布

中心产区为河南省泌阳县，主要分布在河南省驻马店市西部，南阳盆地南隅。属于亚热带和暖温带过渡地带。

（二）产区自然生态条件

产区属暖温带大陆性季风气候，年平均气温14.6℃，年降水量960 mm，无霜期219 d。泌阳县位于暖温湿带，气候温和，适宜肉牛生长繁殖，拥有100多万亩荒山牧坡、71万亩林间隙地和17万亩滩涂草场，年产青干草可达6亿 kg，是中原肉牛带腹地，也是国家肉牛优势生产区。特别是夏南牛是我国第一个肉牛品种，也是农业部重点推广的肉牛品种。夏南牛适应性强、生长发育快、耐粗饲、易育肥、肉牛性能好、抗逆力强、遗传性能稳定、养殖肉牛成本收益高，具有明显竞争优势。

二、品种来源及发展

（一）品种来源

夏南牛培育历时21年。2007年1月8日，在原产地河南省泌阳县通过国家畜禽遗传资源委员会牛专业委员会的评审，2007年5月15日，在北京通过国家畜禽遗传资源委员会的评审；2007年6月29日，农业部发布第878号公告，宣告中国第一个肉牛品种——夏南牛诞生。夏南牛新品种证书编号：（农02）新品种证字第 3 号。

（二）夏南牛数量消长

夏南牛通过国家审定后，原产地泌阳县人民政府立即成立了以县长为组长的夏南牛产业开发领导小组，设立专业办公室，印发了《关于夏南牛产业开发实施意见》，制定了详细、具体的规划、任务和奖惩、扶持措施，有力促进了夏南牛的生产发展。

截至 2017 年年底，全县夏南牛存栏 37 万头，能繁母牛 23 万头，其中肉牛存栏 35 万头，肉牛存栏连续 15 年居全省第一位；全年出栏牛 20.3 万头，其中夏南牛出栏 19 万头；已成为县域经济的主导产业。目前全县出栏 100 头以上的肉牛规模养殖场 173 个，其中，出栏 1 000 头以上的肉牛规模养殖场 5 个，存栏 2 万头以上的规模养殖场 2 个；5 头以上的规模养殖场（户）达 4 000 多家，培育夏南牛母牛养殖示范村 100 个，创建国家级肉牛标准化规模养殖示范场 4 个；同时泌阳县委县政府围绕河南恒都肉牛产业集群的发展，重点培育龙头企业。

三、体型外貌

夏南牛毛色纯正，以浅黄、米黄色居多。公牛头方正，额平直，成年公牛额部有卷毛，母牛头清秀，额平稍长；公牛角呈锥状，水平向两侧延伸，母牛角细圆，致密光滑，多向前倾；耳中等大小；鼻镜为肉色。颈粗壮，平直。成年牛结构匀称，体躯呈长方形，胸深而宽，肋圆，背腰平直，肌肉比较丰满，尻部长、宽、平、直。四肢粗壮，蹄质坚实，蹄壳多为肉色。尾细长。母牛乳房发育较好。夏南牛体质健壮，性情温顺，适应性强，抗逆性强，耐粗饲，采食速度快，易育肥，遗传性能稳定，耐热性稍差。

夏南牛

四、品种保护与研究利用现状

夏南牛适应性强。从生产实际看，夏南牛除我国新疆、西藏、海南、台湾、香港、澳门没有引进外，全国其他地方均有引种、引进记录，据调查，夏南牛在上述地区表现良好。

夏南牛生长发育快，经济效益好。夏南牛舍饲、放牧均可，因为饲养周期短、生长发育快、易育肥、产肉率高，经济效益高，深受育肥牛场和广大农户的欢迎，大面积推广应用有较强的价格优势和群众基础。

夏南牛肉用性能好。夏南牛肉质脂肪少、纤维细、肉色纯、口感好，适宜生产优质牛肉和高档牛肉。夏南牛牛肉生产的系列产品深受消费者的喜爱，产品供不应求。

五、对品种的评价和展望

夏南牛耐粗饲，抗逆性强。夏南牛性情温顺，耐粗饲、易管理，抗逆性较强，既适合农村散养，也适宜集约化饲养；既适应粗放、低水平饲养，也适应高营养水平的饲养条件，特别在高营养水平条件下，更能发挥其生产潜能。由于夏南牛生长发育快、肉用性能好、耐粗饲、适应性强等特点，已被广大农户、育肥场所接受，饲养数量将会迅速增加。夏南牛适宜生产优质牛肉，具有广阔的推广应用前景，但其耐热性较差，有待进一步提高。

云 岭 牛

一、一般情况

云岭牛（Yunling cattle）是专门化培育品种。具有完全自主知识产权的第四个肉牛新品种，也是我国第一个采用三元杂交方式培育成的肉用牛品种，第一个适应我国南方热带、亚热带地区的肉牛新品种。

（一）中心产区及分布

云岭牛核心育种场为云南省草地动物科学研究院小哨示范牧场，截至2016年年底，选育区云岭牛存栏四世代以上基础母牛5万头，主要分布在云南的昆明、楚雄、大理、德宏、普洱、保山、曲靖等地。

（二）产区自然生态条件

小哨示范牧场属于昆明市，昆明地处低纬度高原，地貌复杂多样，地形落差较大，立体气候明显，由于受印度洋西南暖湿气流的影响，日照长，霜期短，年平均气温在15℃。气候温和，夏无酷暑，冬不寒冷，四季如春，气候宜人，有春城的美誉。云岭牛具有适应性广、抗病力强、耐粗饲，繁殖性能优良且能生产出优质高档雪花肉等显著特点。

云岭牛是国内肉牛品种中对自然生态环境适应性最强的肉牛品种之一，能够适应热带亚热带的气候环境，且在高温高湿条件下表现出较好的繁殖能力和生长速度，同时对南方冬春季的冰雪天气也有较强的适应性；云岭牛有较强的耐粗饲能力，适宜于全放牧、放牧加补饲、全舍饲等饲养方式，对体内外寄生虫等有较强的抵抗力。

二、品种来源及发展

云岭牛育种前期工作始于改革开放初期（1982年），澳大利亚外交部国际发展援助局对中国提供的援助项目。1983 年，由国家外经贸部牵头，云南省政府与澳大利亚国际发展援助局签署协议，共同在云南省昆明市小哨乡开展中澳技术合作计划"云南草场与牲畜改良发展项目"。1985 年，由云南省人民政府批准成立云南省肉牛和牧草研究中心，2008 年，更名为云南省草地动物科学研究院，承担中澳合作项目的具体工作。

云岭牛是由云南省草地动物科学研究院的几代科研人员，利用婆罗门牛（Brahman）、莫累灰牛（Murray Grey）和云南黄牛（Yunnan Yellow cattle）3 个品种杂交选育而成。培育过程中建立了核心育种场、扩繁场、商品改良饲养场"三位一体"的开放式育种模式，采用同质选配，应用 BLUP 法，不断吸纳优秀个体，通过横交选育，经过 30 余年，最后形成体型外貌特征一致，遗传性能稳定，含婆罗门牛、莫累灰牛、云南黄牛血缘的云岭牛新品种。2014年 12 月，获国家畜禽遗传资源委员会颁发的畜禽新品种证书。截至 2016 年年底，选育区云岭牛存栏四世代以上基础母牛 5 万头，主要分布在云南的昆明、楚雄、大理、德宏、普洱、保山、曲靖等地。

三、体型外貌

云岭牛以黄色、黑色为主，被毛短而细密；体型中等，各部结合良好，细致紧凑，肌肉丰厚；头稍小，眼明有神；多数无角，耳稍大，横向舒张；颈中等长；公牛肩峰明显，颈垂、胸垂和腹垂较发达，体躯宽深，背腰平直，后躯和臀部发育丰满；母牛肩峰稍有隆起，胸垂明显，四肢较长，蹄质结实；尾细长。

成年公牛体高（148.92 ± 4.25）cm、体斜长（162.15 ± 7.67）cm、体重（813.08 ± 112.30）kg，成年母牛体高（129.57 ± 4.8）cm、体斜长 (149.07 ± 6.51)cm、体重（517.40 ± 60.81）kg。

四、品种保护与研究利用现状

云岭牛生性好动、敏捷，易建立条件反射，耐粗饲，抗病性强，耐热抗蜱，饲养管理方便，既适合养殖户散养，也适宜集约化饲养；既适应全日制放牧，也适应全舍饲圈养，特别在高营养水平条件下，更能充分发挥其生产潜能。由于云岭牛性成熟早、早期生长快、饲料报酬高、能生产高档雪花牛肉等特点，已被养殖企业和广大养牛户所认可，饲养数量和饲养地区逐年增加。

从气候条件上讲，云岭牛推广应用的范围比较广泛，温带到热带均适宜于其生长繁殖和发育，对于南方高温高湿地区，更是首选品种。

五、对品种的评价和展望

云岭牛母性极强、繁殖性能好，适宜于山区饲养，特别是在低营养、天然牧场放牧的粗放管理条件下仍能保持很高的繁殖力，使用年限长，是杂交肉牛生产的优秀母本，能降低繁殖维持需要，生产出理想的商品肉牛，降低繁殖母牛的生产成本。

在中试推广总结中，从云岭牛与西本牛杂交比西门塔尔与西本级进杂交牛有更好的生产表现这一结果来看，云岭牛可以作为一个配套系，与其他品种的杂交牛采用合成品系的方法进行商品肉牛生产。

在积极参与云岭牛育种的多方努力下，除云南省草地动物科学研究院的小哨牧场核心群外，相继在云南省各地建设了云岭牛扩繁场8个，改良站（点）10个。每个扩繁场云岭牛存栏均在300头以上，云岭牛改良牛累计30万头以上。同时，为加大云岭牛选种及推广力度，近几年来云岭牛核心场完善基础设施建设、加强饲养管理，核心场及扩繁场存栏达3 000余头，每年对外提供云岭牛细管冻精10万剂以上，推广种牛1 000头以上，为云南省及中国南方的肉牛产业化发展提供了种源保障。

摩 拉 水 牛

一、一般情况

摩拉水牛（Murrah）也译为么拉牛，是世界最优秀的河流型乳用水牛品种之一，乳用型，体型高大。

原产于印度旁遮普（Punjab）和德里（Delhi）南部，在北方邦（Uttar Pradesh）的北部经南遮普到信德（Sinb）的广大地区都大量饲养，是印度8个水牛品种中产乳性能最好的。在印度西部和北部，几乎所有大小城市和农村，都用这种牛来生产乳产品，国营和民营农场也大量饲养。公牛广泛用来改良当地水牛。中国、东南亚及欧洲许多国家也曾引进过摩拉水牛。1957年，中国从印度引进该品种，并由广西壮族自治区水牛研究所（原广西畜牧研究所水牛研究室）种牛场饲养繁育至今，其种公牛及冻精已遍及我国南方各省水牛改良地区。

二、品种来源及发展

（一）品种来源

1957年，中国从印度进口摩拉水牛55头（公牛5头，母牛27头，犊牛23头），分配给广西35头，广东20头，我国现存的摩拉水牛均是这批牛繁殖的后代。分配给广西的35头摩拉水牛全部由广西壮族自治区水牛研究所饲养，至2008年年底共繁殖后代1605头（公牛794头、母牛811头）。

（二）群体数量消长

随着社会和经济的发展，原引进时分配给广东省的摩拉种牛已全部出售或淘汰，虽有部分在民营养殖场或个体养殖户饲养，但血统已难保纯正。现在广西壮族自治区水牛研究所水牛种畜场是我国唯一拥有摩拉水牛并有种牛供应能力的原种场，其他如广西畜禽品种改良站、云南大理冻精站等则从广西壮族自治区水牛研究所引进种公牛用于生产冻精供应。至2019年12月底止，广西壮族自治区水牛研究所存栏有纯种摩拉水牛母牛300头，成年公牛20头，很多生产企业存栏有较大数量。

该品种于1957年引进时只有55头，到2006年共繁殖了3300头，主要分布在广西、广东、云南、贵州、福建、湖南、湖北等省、自治区。引入的摩拉水牛经过近50年的风土驯化和选育，已完全适应我国南方地区亚热带湿热气候和饲养方式，生长发育和生产性能已达到或超过原产地水平，并已在我国南方作为水牛品种改良的主要畜种之一。摩拉水牛无危险等级。

三、体型外貌

体型 摩拉水牛属河流型水牛，体型高大，结构匀称，肌肉发达，四肢强健。以乳用为主，亦可作为肉用。

毛色 被毛较短，密度适中，皮肤基础色为黑色，毛色通常黝黑色，尾帚大部分为白色。

头部 公牛头粗重，母牛头较小，轮廓分明。前额宽阔略突，脸长，鼻孔开张。角短，角基宽大，角色为黑褐，大部分的角形向基部后下后方再朝上朝角的前方卷曲，少部分朝角的后方卷曲，另有较少部分为吊角（即角向头下方向脖子内弯曲），部分母牛的角甚至卷曲成圆环或螺旋状。眼突有神，母牛尤甚，眼睑为黑褐色。鼻镜黑褐色，鼻孔开张。耳中等大小，半下垂，耳壳厚，耳端尖。

颈部 头颈与躯干部结合良好，颈长宽适中。公牛颈较粗，母牛颈较细长，无垂皮。

躯干部 胸部发达深厚，胸垂大，肋骨开张，鬐甲突起，无肩峰。体躯长，母牛前躯轻狭，后躯厚重呈楔形，公牛则前躯较发达。公牛腰直阔，前躯稍高，母牛背腰平直，尻宽而光滑，腰角显露，尻骨突出。母牛尻间宽，公畜尻较窄。腰腹短，腹大，大部分有小脐垂。乳房发达，附着良好，乳静脉弯曲明显，乳头粗细适中，距离宽，分布匀称。公牛睾丸大，阴囊悬垂。

尾部 摩拉水牛尾部着生低，尾根粗并渐变尖细，尾尖大部分有一簇白毛，尾端抵飞节以下。

四肢 四肢端正结实，蹄黑色而质坚硬，公牛蹄直立，母牛则略倾斜，肢势良好。摩拉水牛母牛体尺、体重见表1。

表1 摩拉水牛母牛体尺、体重

项目	2006 年	1987 年
头数（头）	65	28
体高（cm）	136.70±3.65	138.80±4.56
体斜长（cm）	146.60±6.35	158.95±.41
胸围（cm）	210.80±9.78	205.10±23.42
管围（cm）	22.50±0.84	22.20±0.77
体重（kg）	616.40±74.06	647.88±5.22

摩拉水牛

四、品种保护与研究利用现状

从1958年开始，我国即用引进的摩拉水牛与中国本地水牛进行杂交试验，效果显著。1974年成立全国水牛改良育种协作组，在南方各省大量进行本地水牛杂交改良。杂交组合方式主要有摩×本和尼×摩杂一代（或二代），目前产生的杂交后代主要有摩杂一代、摩杂二代和三品杂（尼×摩×本），无论生长发育及泌乳性能均表现出良好的杂种优势，具体见表2和表3。

表 2　摩杂后代母牛各生长阶段体重比较

品代	初生		6 月龄		12 月龄		成年	
	头数（头）	体重（kg）	头数（头）	体重（kg）	头数（头）	体重（kg）	头数（头）	体重（kg）
本地水牛	53	21.9	8	99.8	11	168.6	112	342
摩杂一代	89	30.1	36	140.8	30	200.4	102	455.8
摩杂二代	39	31.4	14	161.7	19	248.6	27	480.2

表 3　摩杂后代产奶性能比较

品代	泌乳期数（期）	泌乳天数（天）	泌乳量（kg）	最高日产（kg）	平均日产（kg）
摩杂一代	241	280.1±76.1	1 233.3±529.7	16.50	4.40
摩杂二代	54	303.2±83.1	1 585.5±620.6	13.00	5.22
三品杂	143	311.3±76.6	2 198.4±838.2	18.80	7.06

　　摩拉水牛未进行过生化或分子遗传测定，亦未建立品种登记制度。

　　摩拉水牛为我国引进的优良乳用水牛品种，引种的目的是将我国的沼泽型役用水牛改良为乳用为主、乳肉兼用型水牛。自摩拉水牛引进以来，已大量应用于我国南方水牛的品种改良，其种公牛及冻精已推广到南方 18 个省、市、自治区。广西壮族自治区水牛研究所制定的广西壮族自治区地方标准《摩拉水牛》（DB 45/16—1999）已于 1999 年 7 月 30 日发布，于 1999 年 10 月 1 日实施；国家标准《摩拉水牛种牛》（GB/T 27986—2011）于 2012 年 6 月 1 日实施。

　　为了解决近亲及品质退化的问题，于 1993 年和 1995 年分两批从原产地印度引进了冻精 300 支和 2 000 支，使摩拉水牛种牛质量得到大幅度提高。

五、对品种的评价和展望

　　摩拉水牛是世界著名的乳用水牛品种，体格高大，四肢强健，乳房发达，引进我国后表现适应性强、育成率高、疾病少、耐热、抗蜱等优点，生长发育和泌乳性能均远胜本地水牛。其缺点是部分牛胆小偏于神经质，对外界刺激反应灵敏，有时显得脾性倔强，难以调教。

　　摩拉水牛虽然被认为是世界最优秀的乳肉兼用水牛品种之一，但是广西近 30 年度的发展中，政府和企业过分专注于水牛产奶性能，忽略了其肉用性能，养殖企业经济效益较差，导致水牛产业发展缓慢，甚至水牛乳产业出现了倒退现象。近年来随着肉牛产业的发展，摩拉水牛或其杂交后代作为肉牛群体逐步得到了发展。突出肉用性能成为水牛产业发展的主要方向。

尼里—拉菲水牛

一、一般情况

尼里—拉菲水牛（Nili—Ravi），乳用型。是由两个不同的品种杂交而成，尼里水牛主要分布在巴基斯坦的苏特里杰河（Sta–Lei）流域，拉菲水牛分布于巴基斯坦拉菲河流域的桑德尔巴尔（Sandal Bar）地区，故又名桑德尔巴尔水牛。近两个世纪以来，由于交通的发展，人畜交往频繁，致使两个品种血统混杂，后代的外貌特征和生产性能已无明显差异。因此于 1950 年联合国粮农组织召开的一次会议上，巴基斯坦代表 A.Wahid 氏正式提出将这两品种合称为一个品种，定名为尼里—拉菲水牛。

二、品种来源及发展

（一）品种来源

我国现存的尼里—拉菲水牛是由巴基斯坦政府于 1974 年赠送的，共 50 头（公 15 头，母 35 头），平均分给广西壮族自治区水牛研究所（原广西畜牧研究所水牛研究室）和湖北省种畜场饲养。这群水牛是由夸德拉巴迪畜牧试验站提供的，质量较好。进口时公牛为 19～33 月龄，母牛 30～54 月龄。随着社会和经济的发展，原引进时分配给湖北省的尼里—拉菲种牛已全部出售或淘汰，现在广西壮族自治区水牛研究所水牛种畜场是我国唯一拥有尼里—拉菲水牛并有种牛供应能力的原种场，其他如广西畜禽品种改良站、云南大理冻精站等则从广西壮族自治区水牛研究所引进种公牛用于生产冻精供应。

（二）群体数量消长

该品种于 1974 年引进时只有 50 头，到 2008 年底已繁殖了 1 021 头（公牛 523 头、母牛 498 头），主要分布在广西、广东、云南、贵州、福建、湖南、湖北等省、自治区。至 2019 年 12 月月底，广西壮族自治区水牛研究所存栏有纯种尼里—拉菲水牛母牛 300 头，成年公牛 20 头，很多生产企业存栏有较大数量。

引入的尼里—拉菲水牛经过 30 多年的风土驯化和选育，已完全适应我国南方地区亚热带湿热气候和饲养方式，生长发育和生产性能已达到或超过原产地水平，并已在我国南方作为水牛品种改良的主要畜种之一。尼里—拉菲水牛为无危险等级。

三、体型外貌

体型 尼里—拉菲水牛属河流型水牛，体格粗壮，体躯深厚，躯架较矮，胸垂发达。以乳用为主，亦可作为肉用。

毛色 被毛较短，密度适中，皮肤基础色为黑色，毛色以黑色为主，前额（部分包括脸部）有白斑，后肢蹄冠或系部或后管下段白色，尾帚为白色。

头部 头较长而粗重，前额突起，鼻孔开张。角短，角基宽大，大部分的角型向基部后下方再朝上朝角的前方卷曲，少部分朝角的后方卷曲，另有极少部分为吊角（即角向头下方向脖子内弯曲），部分母牛的角甚至卷曲成圆环或螺旋状。眼突有神，母牛尤甚，大部分牛的眼睛为玉石眼，只有少部分为黑色。鼻镜黑褐色，部分牛的嘴唇有白斑。耳中等大小，半下垂，耳壳厚，耳端尖。

颈部 头颈与躯干部结合良好，颈宽长适中。公牛颈较粗，母牛颈较细长。

躯干部 胸部发育良好，肋骨弓张，胸垂大而突出。躯干长，容积大。背腰平直宽广，腹大，大部分有小脐垂。后躯发达，腰短而宽广，髋骨稍突出。臀宽长而略显倾斜，整个体躯侧望略呈楔形。乳房发达，前伸后展，皮薄而柔软，略显松弛，乳头粗大而长，乳头分布不均匀，乳静脉显露而弯曲，少部分乳房有肉色白斑。公牛睾丸大，阴囊呈悬垂状。母牛外阴较松弛、下垂。

尾部 尼里—拉菲水牛尾部着生低，尾巴末端皮肤肉色，尾根粗并渐变尖细，尾端达飞节以下。

四肢 四肢较短，骨骼粗壮，蹄质坚实，肢势良好。前蹄黑褐色；后蹄大部分蜡色、蹄冠或系部或后管下段白色，少部分为黑褐色。

2006年，广西畜禽品种改良站和广西壮族自治区水牛研究所测定结果见表1。

表1 尼里—拉菲水牛体尺、体重

项目	2006 年	
性别	公	母
头数（头）	24	59
体高（cm）	142.70±3.35	135.80±4.50
体斜长（cm）	159.70±8.11	145.20±5.76
胸围（cm）	221.10±6.99	211.40±9.21
管围（cm）	26.90±1.74	22.70±1.03
体重（kg）	726.70±69.37	610.80±65.01

尼里—拉菲水牛

四、品种保护与研究利用现状

从1975年开始，我国即用引进的尼里—拉菲水牛改良中国本地水牛，杂交组合方式主要有尼×本和尼×摩杂一代（或二代），目前产生的杂交后代主要有尼杂一代、尼杂二代和三品杂（尼×摩×本），无论生长发育及乳肉生产均表现出良好的杂交优势，具体见表2、表3和表4。

表2 尼杂后代各生长阶段体重比较 （单位：kg）

品代	初生	6 月龄	12 月龄	24 月龄	36 月龄	成年
本地水牛	21.9	99.8	168.6			342.0
尼杂一代	36.6±3.4	147.5±12.5	259.2±29.6	478.0±34.2	577.7±50.0	642.6±33.7
尼杂二代	42.5±7.0	163.3±22.5	235.9±39.0	368.9±47.0	467.8±47.5	591.0±46.6
三品杂	36.8±4.5	206.3±29.1	299.8±62.8	480.2±48.6	581.3±71.5	662.1±48.0

表3　尼杂后代产奶性能比较

品代	泌乳期数（期）	泌乳天数（天）	泌乳量（kg）	最高日产（kg）	平均日产（kg）
尼杂一代	34	328.8±95.2	2 098.9±531.9	18.20	6.01
尼杂二代	4	395.3±100.2	2 666.5±293.2	16.5	6.38
三品杂	143	311.3±76.6	2 198.4±838.2	18.80	7.06

表4　尼杂后代公水牛产肉性能比较

品代	头数	宰前重（kg）	胴体重（kg）	净肉重（kg）	屠宰率（%）	净肉率（%）	骨肉比
尼杂一代	2	398.0±38.2	205.6±1.5	165.5±1.7	51.9±5.4	41.8±4.4	1：(4.1±0.1)
尼杂二代	1	361	206.1	173.5	57.1	48.1	1：4.9
三品杂	6	440.7±57.6	230.6±28.4	187.0±26.1	52.4±1.8	42.4±1.5	1：(4.3±0.5)

尼里—拉菲水牛未进行过生化或分子遗传测定，亦未建立品种登记制度。

尼里—拉菲水牛为我国引进的优良乳用水牛品种，引种的目的是将我国的沼泽型役用水牛改良为乳用为主、乳肉兼用型水牛。自尼里—拉菲水牛引进以来，已成为我国南方水牛品种改良的首选父本，其种公牛及冻精已推广到南方18个省、市、自治区。广西壮族自治区水牛研究所制定的广西壮族自治区地方标准《尼里—拉菲水牛》（DB 45/15—1999）已于1999年7月30日发布，1999年10月1日实施；国家标准《尼里—拉菲水牛种牛》（GB/T 27987—2011）于2012年6月1日实施。

为了解决近亲及品质退化的问题，于1999年从原产地巴基斯坦引进了冻精5 000支，使尼里—拉菲水牛种牛质量得到大幅度提高。

五、对品种的评价和展望

尼里—拉菲水牛是世界上最优秀的乳用水牛品种，引进我国后表现适应性强、育成率高、疾病少、性情温驯、耐热等优点，生长发育和泌乳性能均远胜本地水牛、略胜过摩拉水牛，是当前最佳的引进水牛品种。其缺点是乳房较松弛下垂，尾巴及乳头特长，易受创伤和发生断尾等现象，应小心护理。

尼里—拉菲水牛虽然被认为是世界最优秀的乳肉兼用水牛品种之一。但是广西近30年的发展中，政府和企业过分专注于水牛产奶性能，忽略了其肉用性能，导致产业经济效益差，水牛产业发展缓慢，甚至水牛乳产业出现了倒退现象。近年来随着肉牛产业的发展，尼里—拉菲水牛或其杂交后代作为肉牛群体逐步得到了发展。突出肉用性能成为水牛产业发展的主要方向。

地中海水牛

一、一般情况

地中海水牛原产意大利。属河流型乳用水牛品种之一。其最早由西方殖民者从印度水牛中挑选产乳优秀者引进到西方培育而成。

广西于 2007 年首次引入冻精，开展品种杂交改良及杂交后代适应性试验工作。2011 年，从意大利引进了地中海水牛冻精 22 000 支，在广西的合浦、灵山等地的水牛养殖户进行了水牛杂交改良，现已产出杂交牛犊 1 000 多头，杂交改良效果非常显著；2014 年，引进意大利地中海水牛 59 头，其中种公牛 10 头，种母牛 49 头；种公牛（活体）为全国首次引进。

2019 年年底，广西壮族自治区水牛研究所存栏地中海水牛 200 多头，且目前有企业陆续开展其种牛或遗传资源的引进。为无危险等级。

二、体型外貌

地中海水牛体型中等，角弯不卷曲，全身皮肤和被毛黝黑色。成年母牛体型清秀，背腰平直，斜尻，尾细长过飞节；四肢端正结实，肢势良好，系部有力，蹄圆坚实；乳房附着良好，乳静脉显露，乳头大小适中，分布匀称。成年公牛头短，宽而雄伟，角基粗大，头颈结合良好；前躯发达，背线平直，后躯略窄；四肢结实，蹄圆大坚实；雄性特征明显。体尺、体重调查结果见表 1。

表 1 成年牛体尺、体重

项目	身高（cm）	体斜长（cm）	胸宽（cm）	胸深（cm）	胸围（cm）	腹围（cm）	尻宽（cm）	尻长（cm）	体重（kg）
6 月龄公牛	114.6±2.13	110.9±3.9	56.7±3.08	34.5±2.42	150.6±4.75	168.2±5.99	37±2.04	36.5±2.95	245.33±14.3
6 月龄母牛	114.2±2.26	110.1±3.85	55.55±3	34.73±2.22	153.1±4.87	167.6±5.84	37.1±2.23	35.9±2.27	239.18±13.18
12 月龄公牛	125.5±3.08	136.3±2.48	62.83±2.48	41±2.1	180.8±2.56	201.8±3.43	45.83±2.56	41±3.03	397.83±18.26
12 月龄母牛	126.8±3.31	139.6±5.71	63±1.1	40±1.26	183.2±5.15	199.6±5.54	46.2±3.06	39.2±3.43	388.4±18.13
成年公牛	144.5±4.5	152.4±4.2			229.4±7.1	253.5±11.1			814.1±60.7
成年母牛	140.27±3.49	140.08±6.59	49.98±4.95	79.88±3.6	225.67±10.65	247.6±11.42	49.42±3.19	62.15±4.06	601.83±56.29

地中海水牛

四、品种保护与研究利用现状

目前地中海水牛品种正在不断引进中，且在部分单位和企业形成一定的规模。目前针对其在广西的适应性观察进行了小范围的初步研究，如果要大面积推广需要进一步深入研究。

地中海、尼里—拉菲、摩拉水牛均为河流型水牛，其染色体为 50 条，我国水牛大部分为沼泽型水牛，染色体为 48 条。通过 $2n=50$ 和 $2n=49$ 两种核型三品种杂交水牛繁殖记录分析和其中 $2n=49$ 三品种杂交水牛联会复合体及其精子染色体研究，结果表明，后者虽然公母都是可育的，由于它产生两种正常配子（$n=24$，$n=25$）和两种异常配子（$n=24+1$，$n=25-1$），自群繁殖导致其子代染色体多态性（$2n=50$，$2n=49$ 和 $2n=48$）；其异常配子，与正常配子结合，则产生非整倍性，致其繁殖力降低，表现为情期配种受胎率降低 12.3%；年受胎率降低 6.4%；产仔间隔长 97.6 天；终生（11 岁）产仔数减少 1.33 ~ 1.54 头。

五、对品种的评价和展望

地中海奶水牛是世界著名的高产奶水牛品种，其优点是生长周期短、适应性强、体型较小、耐粗饲、繁殖能力强、产乳量高、乳质优等。是改良我国低产水牛的优秀父本。比尼里—拉菲、摩拉水牛产乳性能稍高。目前得到了市场的认可，群体数量逐渐增大，但是其相关的基础研究还不够完善，需要更深入研究。参考尼里—拉菲、摩拉水牛引进经验，特别要对其肉用性能的开发需要深入研究。

努 比 亚 山 羊

一、原产地与引入历史

努比亚山羊（Nubian）又名纽宾羊，也称为埃及山羊。以其中心产区位于尼罗河上游的努比亚而得名，属乳肉兼用山羊。

努比亚山羊原产于英国的英格鲁—努比亚（Anglo-Nubian），是利用英国本地的羊只与埃及 Zaraibi 羊、印度 Zamnapari 羊的长耳山羊杂交而得，主产于非洲东北部的埃及、苏丹及邻近的埃塞俄比亚、利比亚、阿尔及利亚等国，在英国、美国、印度及南非等国都有广泛的分布，具有性情温驯、繁殖力强、生长快的等特点。经过美国、澳大利亚等国养羊专家几十年的选育，非常适宜在亚热带地区饲养。我国引进本品种的历史可追溯到中华人民共和国成立前，1939 年曾引入了几只，饲养在四川省成都等地，曾用它改良成都近郊的山羊。现在四川省简阳市的大耳羊含有努比亚的血统。20 世纪 80 年代中后期，又从英国和澳大利亚等国引进 90 余只，分别放在广西扶绥县、四川省简阳市、湖北省房县饲养。

二、体型外貌

其主要特征为体型较大、头短小，额部和鼻梁隆起呈明显三角形，俗称"罗马鼻（Roman nose）"在两眼及鼻端三点间的区域明显突出。耳大下垂、颈长，两耳宽长下垂至下颌部，躯干较短，尻短而斜。母羊无须、被毛细密而富光泽，毛色较杂，但一般以黑色、棕色、褐白或红白混杂的毛色个体较多；有角或无角，角呈螺旋状。头颈相连处肌肉丰满呈圆形，颈较长而躯干较短，母羊乳房发育良好，多呈球形。四肢细长，性情温顺，繁殖力强，每胎产 2～3 羔。

努比亚山羊公羊

努比亚山羊母羊

2009 年，广西壮族自治区畜牧研究所种羊场从云南省种羊场引进 60 只努比亚山羊进行饲养试验，观察并记录其生长发育情况。生长发育情况见表1。努比亚山羊早期发育较快，生长持续期较长，初生重3.4 ~ 4.5 kg，在圈养条件下，6 月龄体重可达35 ~ 40 kg。

表 1　努比亚山羊体重、体尺

性别	年龄	测定（头）	体重（kg）	体高（cm）	体长（cm）	胸围（cm）	管围（cm）
公羊	周岁	10	62.4	78.6	75.5	90.1	8.8
	成年	5	90.0	85.0	89.0	94.3	9.4
母羊	周岁	15	48.0	70.5	71.2	80.1	8.3
	成年	20	58.6	72.1	73.6	85.5	8.6

三、品种推广及研究利用情况

通过推广羊的杂交改良，大家看到杂种羊普遍初生体重大、生长发育快、出栏快，养杂交羊普遍比养本地羊效益好，此外还开展科学研究与技术推广工作。

梁源春等对努隆杂交黑山羊新品系的肉质特性进行研究，发现努隆杂交黑山羊新品系平均屠宰率为 57.43%，比隆林黑山羊提高 6.87%；净肉重比隆林黑山羊提高 26.77%；眼肌面积比隆林黑山羊增加 34.47%；产肉性能均显著高于隆林黑山羊。肉质上，努隆杂交黑山羊新品系比隆林黑山羊细嫩，粗蛋白高，胆固醇（42.8 mg/100 g）低；钙、铁、磷含量均较高，氨基酸总量 68.46%。

邹辉等对努比亚山羊 *BMPR* Ⅰ *B* 基因 5′ UTR 多态性与产羔性状进行关联分析，发现 *BMPR* Ⅰ *B* 基因 5′ UTR 第 469 位发生 *T* → *C* 突变，该位点对产羔数、初生重和断奶重的影响都不显著。还对努比亚山羊 *BMPR-IB* 基因多态性与其产羔性状进行关联分析，山羊育种寻找新的遗传分子标记，发现努比亚山羊 *BMPR-IB* 基因 5′ UTR 第 469 位碱基由 *A* → *G*，其 *GG* 型母羊比 *AA* 型母羊的产羔数和子代平均初生重有所减少，但子代平均断奶重增加；内含子 1 第 1 664 位碱基由 *G* → *A*，其 *GA* 型母羊比 *GG* 型母羊的产羔数和子代平均初生重均有所增加，但子代平均断奶重减轻；内含子 9 第 11 344 位碱基由 *G* → *A*，其 *AA* 型母羊比 *GG* 型母羊产羔数少，但子代平均初生重和平均断奶重均增加。可见，努比亚山羊 *BMPR-IB* 基因的 3 个 *SNP* 位点对其产羔性状均无显著影响（*P*>0.05）。说明努比亚山羊 *BMPR-IB* 基因存在 3 个 *SNP* 位点（5′ UTR 469th、Intron11 664th 和 Intron9 11 344th），但对努比亚山羊产羔性状影响不显著，表明 *BMPR-IB* 基因对山羊的产羔性状具有一定种属特异性。

四、对品种的评价和展望

该品种原产于非洲东北部的努比亚及埃及、埃塞俄比亚、阿尔及利亚等国，经过美国、澳大利亚等国养羊专家几十年的选育，非常适宜在亚热带地区饲养，具有繁殖力强，生长快的特点，很适合于南方山区饲养，适应性、采食力强，耐热，耐粗饲。性情温驯及多产等特性，努比亚母羊之产仔率及三胎率分别高达212.1%及32.2%。又因其含有热带山羊血缘，不耐寒冷但耐热性能强，颇能适应我国热带或亚热带气候环境之乳肉兼用羊种。

波 尔 山 羊

一、原产地与引入历史

波尔山羊（Boer goat），是世界上著名的肉用山羊品种，以体型大、增重快、产肉多、耐粗饲而著称。

波尔山羊原产于南非的好望角地区，是由南非本地山羊与从印度、西班牙引进的山羊品种杂交选育而成，波尔山羊是目前世界上唯一被公认的优良肉用山羊品种。20世纪30年代，南非的波尔山羊并不多，而且毛色杂乱，大多数为长毛型。至40年代，育种工作者才开始制定育种措施，选育波尔山羊新类型。1959年成立了波尔山羊育种者协会。近几十年来，南非波尔山羊保持着相对稳定的数量，约500万只，并分为普通型、长毛型、无角型、土种型和改良型（良种型）5个类型。1995年起我国陆续从南非、德国、澳大利亚、新西兰等国引入该品种活羊3 500多只及部分冷冻精液，已改良我国山羊产生杂交后代40万只。1999年，中国畜牧兽医学会养羊学分会委托养羊学专家参照南非波尔羊标准，并结合我国具体情况起草制订了波尔山羊品种选育标准。1996年起广西陆续从国内外引入波尔山羊，2019年4月，广西博白县桂源农牧有限公司从澳大利亚引入67只红、黑波尔山羊，8月又引进200只种羊。波尔山羊的引入可以从源头上改良广西现有山羊品种，对于肉用山羊品质的提升、解决广西优质肉用种羊短缺、丰富广西肉用山羊遗传资源，具有深远意义。

二、体型外貌

波尔山羊体型大而紧凑，体质强壮，结构匀称、肌肉结实，肉用特征明显。体躯被毛白色，短而有光泽。头和部分颈部为浅或深棕色，额部呈广流星。头颈肩结合良好，额隆起，颈粗壮；鼻部隆起，也称鹰爪鼻，从鼻端至头顶有一条白带或不规则的白斑，耳长、宽、光滑且下垂。公母羊均有角，公羊角较宽，向后向下弯曲，母羊角较小，向上向外弯曲；眼睛棕色，胸宽深、肩肥厚、背腰宽且平直，肋骨张开良好，腹大而紧凑，后躯发育良好，肌肉发达。尻部宽长，适当倾斜；四肢粗壮，肢势端正，蹄质坚实，步态稳健，腿长与身高比例适中；尾直而上翘。公羊胸颈部有明显皱褶，睾丸发育良好，大小适中。母羊乳房发育良好，柔软而有弹性。

波尔山羊公羊

波尔山羊母羊

参照《波尔山羊种羊》(GB/T 19376—2003)的选育标准,波尔山羊的体尺、体重见表1。

表1　波尔山羊的体尺、体重

年龄	性别	等级	体高 (cm)	体斜长 (cm)	胸围 (cm)	体重 (kg)
周岁	公羊	特级	65	75	85	55
		一级	60	70	80	50
		二级	55	65	76	45
	母羊	特级	60	65	78	45
		一级	56	60	75	42
		二级	52	55	72	38
成年	公羊	特级	80	90	110	100
		一级	75	84	97	90
		二级	70	78	90	80
	母羊	特级	72	80	95	75
		一级	67	76	90	70
		二级	62	72	85	65

三、品种推广及研究利用现状

广西引入波尔山羊后主要进行舍饲圈养,也随本地羊进行放牧饲养,与本地山羊进行杂交,生产商品羊。用波尔山羊来杂交改良我区矮小的本地山羊,前景广阔,可行性强,但关于波尔山羊的研究报道较少。

李志春等研究香蕉茎叶青贮饲料对波尔山羊血液生化指标的影响,试验组和对照组的血清中蛋白质、脂类和胆红素等的各项代谢指标均无显著差异,说明饲喂青贮发酵后的香蕉茎叶对波尔山羊蛋白质代谢和肝、肾功能无不良影响。

杨炳壮等探索在广西地区波尔山羊胚胎移植的效果,利用 FSH +CIDR 方法对 6 只波尔山羊进行了超数排卵的试验研究。结果表明:有 5 只羊出现超排反应(83.3%),共收集胚胎 40 枚(8 枚 / 只),其中可用胚为 35 枚(7 枚 / 只)。单或双鲜胚移植受体母羊 25 只,其中有 12 只母羊怀孕(48%),妊娠期间有 1 例流产,最后产羊羔 12 只(其中 1 例为双羔),产羔率为 48%。

四、对品种的评价和展望

据资料显示波尔山羊的抗逆性强,不仅能忍耐热带的炎热环境,也能适应半沙漠和沙漠地带干旱缺水的条件,应当能适应广西喀斯特石山的地理环境条件。波尔山羊采食范围广泛,采食能力强,包括各种牧草和灌木枝叶以及一些木本植物,对灌木的蔓延有一定的控制作用。波尔山羊对寄生的虫感染率低,不感染蓝舌病,抗肠毒血症,也未发现有氢氰酸中毒的病例。对有毒植物有较强的抗性。对体内外寄生虫的抵抗力也很强。有利于利用放牧控制技术达到保护、控制生态环境的目的。

小 尾 寒 羊

一、原产地与引入历史

　　小尾寒羊是冀、鲁、豫、苏、皖交界地区的一个优良的绵羊品种，按其尾型分类属短脂尾羊。随着时代的推移，民族的迁徙，贸易的往来以及生活习惯等，将这种生长在草原地区终年放牧、被毛粗劣的蒙古羊，由内蒙古地区带入中原地区饲养。据河北《完县新志》（民国二十三年，1934 年版）记载：绵羊一种以绥远二十家子所产为最良，县人多赴此地购买。有大尾、小尾、黑头、白头数种。大尾者为本地产，小尾者为绥远产。

　　产区属黄淮冲积平原，地势较低，土质肥沃，气候温和，年平均气温为 13 ~ 15℃，1 月为 -14~0℃，7 月为 24~29℃，年降水量为 500~900 mm，无霜期为 160~240 d。产区是我国小麦、杂粮和经济作物的主要产区之一。农作物可一年两熟或两年三熟，农副产品丰富，为养羊提供大量的饲料饲草。小尾寒羊是在这种优越的自然条件和经过长期人工选择和精心喂养培育而成的。

　　20 世纪 80 年代，广西就开始引进小尾寒羊，但由于种种原因，均以失败告终。至 2005 年，又开始引入小尾寒羊，经过两年的饲养观察，已逐渐适应了广西的气候，开始正常的生长发育、繁殖。

　　2016 年，都安瑶族自治县引入安徽省一家企业投资 4 500 万元，创办都安永吉澳寒羊（以澳洲白绵羊为父本，小尾寒羊为母本进行杂交）生态养殖繁育基地，同时成立澳寒羊饲养专业合作社，是都安县"八大扶贫产业"重要基地之一。2018 年 7 月，澳寒羊存栏 5 000 多只，2019 年基地继续扩建，到 2020 年年底澳寒羊规模达 30 万只，未来 3 年内澳寒羊存栏量将达到 100 万只。

二、体型外貌

小尾寒羊体型结构匀称，侧视略成正方形；鼻梁隆起，耳大下垂；短脂尾呈圆形，尾尖上翻，尾长不超过飞节；胸部宽深、肋骨开张，背腰平直。体躯长呈圆筒状；四肢高，健壮端正。公羊头大颈粗，有发达的螺旋形大角，角根粗硬；前躯发达，四肢粗壮，有悍威、善抵斗。母羊头小颈长，大都有角，形状不一，有镰刀状、鹿角状、姜芽状等，极少数无角。全身被毛白色、异质、有少量干死毛，少数个体头部有色斑。四肢较高，前躯、后躯均发达，腰背平直，头颈较长。体躯匀称、呈圆筒形，头大小适中，头颈结合良好。眼大有神，嘴头齐，鼻大且鼻梁隆起，耳中等大小，下垂。头部有黑色或褐色斑。小尾寒羊毛色以白色毛为最多，占总数的70%以上，头部及四肢有黑斑或褐色斑点者次之，头部黑色或褐色多集中于眼的周围、耳尖、两颊或嘴上。小尾寒羊被毛密度小，腹部无绒毛，四肢上端毛也较少，油汗比细毛羊少。被毛可分为裘皮型、细毛型和粗毛型三类，裘皮型毛股清晰、弯曲明显；细毛型毛细密，弯曲小；粗毛型毛粗，弯曲大。

小尾寒羊公羊

小尾寒羊母羊

三、品种推广及研究利用现状

鉴于小尾寒羊具有繁殖力高、全年发情、早期生长速度快等优点，利用小尾寒羊作母本，引入品种作父本进行杂交改良，可取的明显的经济效益，并且因其体格大，繁殖率高和与当地羊适应性强的巧妙结合，可得到较高的生物学效率。广西都安县引入小尾寒羊作为母本，同时引入澳洲白绵羊作为父本进行杂交，对其杂交后代进行研究。

为研究澳洲白绵羊与小尾寒羊杂交 F_1 代（以下简称澳寒羊）的生产性能，汤继顺等设计了两个试验组，分别是小尾寒羊 × 小尾寒羊组（寒 × 寒）和澳洲白羊 × 小尾寒羊组（澳 × 寒）。在相同舍饲条件下，对两组组合的繁殖性能和杂交的 F_1 后代公母羊生长性能和屠宰性能进行了测定分析，发现澳 × 寒杂交组合母羊繁殖性能低于寒 × 寒组，但 F_1 羔羊成活率高于寒 × 寒组；澳 × 寒杂交组合 F_1 后代公母羊初生重、3 月龄、6 月龄体重和胸围、平均日增重均极显著高于寒 × 寒组（$P < 0.01$），12 月龄屠宰体重、胴体重、骨重、屠宰率和净肉率均显著高于寒 × 寒组（$P < 0.01$ 或 $P < 0.05$）。因此，可以得知用澳洲白绵羊杂交小尾寒羊后，仍保持较高的产羔率，F_1 后代生长性能和屠宰性能明显提高，养殖效益显著。

四、评价及展望

经过多年的饲养观察，小尾寒羊在南方气温高、湿度大的环境下勉强能够正常的生长发育、繁殖。但在高温季节还是存在较大的影响。小尾寒羊是肉羊生产的主要母本品种，性成熟早、繁殖率高，以小尾寒羊为母本进行杂交，后代杂种优势明显，繁殖性能及羊肉品质等方面均有提高。但是该品种或杂交后代，在广西地区的发展还需要谨慎，虽然目前存栏较大，多是在各地政府扶贫工作的大力推进下开展的，且其广西市场消费需求相对较小，而广西的生产成本相比北方地区又偏高，没有明显的优势。

参 考 文 献

巴马县畜牧水产局，2003.巴马香猪调查报告 [R].巴马县畜牧水产局.

鲍淑琴，2001.国外黑色和牛发展动态 [J].河北畜牧兽医 .17（8）:12.

毕江华，冯春涛，李素霞，等，2017.纯种和牛快速扩繁关键技术研究 [J].中国畜牧兽医，44（6）:1 784-1 789.

宾石玉，石常友，2006.环江香猪染色体核型的研究 [J].湖南畜牧兽医（2）:7-9.

曹艳红，宣泽义，陈少梅，等，2020.隆林山羊与努比亚山羊杂交对后代生产性能和肉品质影响的研究 [J].中国畜牧兽医，47（07）:2133-2141.

曹艳红，周恒，朱江江，等，2015.隆林山羊 ACSS2 基因的克隆及序列分析 [J].家畜生态学报，36（11）:12-16.

陈家贵，2017.广西家畜家禽品种志 [M].北京：中国农业出版社 .

陈龙，2017.利木赞牛杂交改良本地黄牛效果 [J].中国畜牧兽医文摘（8）:73.

陈伟生，2005.畜禽遗传资源调查技术手册 [M].北京：中国农业出版社 .

陈英姿，何衍琦，2008.富钟水牛 [J].广西农学报（2）:58-60，65.

陈幼春，2007.西门塔尔牛的中国化 [M].北京：中国农业科学技术出版社 :396-400.

程黎明，贾旭升，谈锐，等，2018.新疆褐牛生产期选育效果对比分析 [J].黑龙江畜牧兽医（08）:65-66.

戴福安，覃建欢，梁淑芳，2007.乐至黑山羊杂交改良隆林黑山羊的

效果初报 [J]. 广西畜牧兽医，6:258-260.

德保县畜牧水产局，2004. 德保猪品种资源调查报告 [R]. 德保县畜牧水产局 .

都安瑶族自治县地方志编纂委员会 .1946. 都安县志稿 [M]. 都安瑶族自治县地方志编纂委员会办公室 .

都安瑶族自治县统计局，2006.2005 年都安经济统计提要 [R]. 都安瑶族自治县统计局 .

都安瑶族自治县志编纂委员会，1993. 都安瑶族自治县志 [M]. 南宁：广西人民出版社 .

杜森有，费真，张乾，等，2007. 利木赞牛改良当地黄牛的效果分析 [J]. 内蒙古农业科技（5）:61-62.

方晓敏，许尚忠，张英汉，2002. 我国新的牛种资源—中国西门塔尔牛 [J]. 黄牛杂志（5）:67-69.

冯静，2012. 西门塔尔牛对新疆本地黄牛的改良效果分析 [D]. 乌鲁木齐：新疆农业大学 .

冯静，锡文林，冯克明，等，2012. 西门塔尔牛对中国西部地区本地黄牛的改良效果 [J]. 新疆畜牧业（8）:36-38.

冯维祺，马月辉，陈幼春，等，1997. 中国家养动物品种资源浅析 [J]. 畜牧兽医学报（4）.

高贺，云岭牛，2017. 中国的"神户牛"[J]. 农家之友（6）:53.

古进卿，陈涛，2008. 养肉牛 [M]. 郑州：中原农民出版社 :10-12.

广西都安瑶族自治县，1985. 农业区划报告集 [R]. 广西都安瑶族自治县 .

广西家畜家禽品种志编辑委员，1987. 广西家畜家禽品种志年 [M]. 南宁：广西人民出版社 .

广西壮族自治区百色地区农业局，1982. 百色地区家畜家禽品种汇编 [R]. 广西壮族自治区百色地区农业局 .

广西壮族自治区隆林县质量技术监督局，2003. 广西壮族自治区隆林县地方标准—隆林山羊 [S]. 广西壮族自治区隆林县质量技术监督局.

广西壮族自治区质量技术监督局,1998. 广西壮族自治区地方标准—隆林黄牛 [S]. 广西壮族自治区质量技术监督局.

广西壮族自治区质量技术监督局,2002. 广西壮族自治区地方标准—南丹黄牛 [S]. 广西壮族自治区技术监督局.

广西壮族自治区质量技术监督局,2003. 广西壮族自治区地方标准—都安山羊 [S]. 广西壮族自治区质量技术监督局.

广西壮族自治区质量技术监督局,2006. 广西壮族自治区地方标准—涸洲黄牛 [S]. 广西壮族自治区技术监督局.

国家畜禽遗传资源委员会,2011. 中国畜禽遗传资源志·牛志 [M]. 北京:中国农业出版社.

国家畜禽遗传资源委员会,2011. 中国畜禽遗传资源志·猪志 [M]. 北京:中国农业出版社.

韩荣生,1998. 利木赞牛,肉牛饲养技术大全 [M]. 沈阳:辽宁科学技术出版社:11–12.

胡志定,2019. 和牛在我国的繁育进展 [J]. 山西农业科学,47(06):1081–1084.

黄必志,王安奎,金显栋,等,2014. 云岭牛新品种选育 [C]. 第九届(2014)中国牛业发展大会论文集:127–137.

黄光云,吴柱月,王启芝,等,2007. 西门塔尔母牛在广西舍饲条件下的适应性研究 [J]. 广西畜牧兽医(5):197–198.

黄青山,1996. 隆林山羊的核心群 [J]. 广西畜牧兽医(2):28–29.

黄世洋,黎庶凯,曾俊,等,2016. 广西优良努隆杂交黑山羊新品系选育研究初报 [J]. 中国草食动物科学,36(03):70–73.

黄晓燕,2019. 夏南牛产业发展存在问题与对策 [J]. 中国牛业科学(4):76–77.

黄旭初,岑启沃,1938. 田西县志 [M]. 中国台北:成文出版社.

黄右军，尚江华，梁梦玫，等，2003.河流型水牛与沼泽型水牛杂交后代（2n=49）染色体遗传与繁殖力的研究 [J].遗传（2）:155-159.

蒋钦杨，何山红，阮栋俭，等，2010.广西百色马生长激素基因的克隆与序列分析 [J].黑龙江畜牧兽医（3）:11-13.

焦曼，2018.英国优良奶牛品种—娟姗牛 [J].农村百事通（18）:28.

赖景涛，磨考诗，2007.浅谈娟姗牛 [J].广西畜牧兽医（4）:165-166.

李付强，刘莹莹，张佰忠，等，2009.安格斯牛的选育 [J].中国畜禽种业，（4）:37-38.

李辉，陈明棠，刘超，等，2018.意大利地中海奶水牛引种观察初报 [J].中国畜牧杂志，54（2）:104-107.

李琼华，何若钢，殷进炎，等，2006.陆川猪种质特性和经济性状的研究 [J].广西养猪生产（2）:20-25.

李胜开，张勤，刘雨琪，等，2016.隆林山羊周岁体重与体尺指标的相关性分析 [J].现代畜牧兽医（01）:23-27.

李廷来，武爱梅，孙秀玉，等，2009.夏南牛生产现状及发展思路 [J].河南畜牧兽医（3）:21-23.

李义书，倪世恒，陈斌玺，等，2013.日本和牛与雷琼牛杂交育肥试验研究 [J].家畜生态学报，34（11）:24-28.

李游，言天久，颜明挥，等，2004.德保猪品种资源调查报告 [R].德保县畜牧水产局.

李游，言天久，颜明挥，等，2014.德保矮马品种资源调查报告 [J].广西畜牧兽医，30（1）:4-6.

李志，1937.宜北县志 [M].中国台北：成文出版社.

李志春，孙健，游向荣，等，2015.香蕉茎叶青贮饲料对波尔山羊血液生化指标的影响 [J].中国饲料，（16）:37-39，42.

李志春，游向荣，2016.香蕉茎叶青贮饲料加工技术手册 [M].北京：中国农业科学技术出版社.

梁贤威，杨炳壮，包付银，等，2008.波尔山羊×隆林杂交羔羊育肥期能量和蛋白质营养需要的研究[J].中国畜牧兽医（06）:13-17.

林凤鹏，祁兴磊，赵连甫，2018.夏南牛高档牛肉生产技术规范[J].中国牛业科学（5）:82-84.

凌云县志编纂委员会，2007.凌云县志[M].南宁：广西人民出版社.

令军，李洪军，2007.我国地方猪种肌内脂肪和脂肪酸的研究肉类科学[J].肉类研究（4）:35-37.

刘建明，杨光维，李静，等，2020.新疆褐牛体型外貌线性评定方法的研究[J].中国畜牧杂志，56（5）:64-69.

刘克俊，赖志强，蒋玉秀，2004.隆林山羊引种南宁饲养观察初报[J].广西畜牧兽医:64-67.

刘瑞鑫，莫柳忠，李秀良，等，2011.娟姗牛在广西的发展现状与推广前景[J].上海畜牧兽医通讯（4）:78-79.

刘善斋，刘洪瑜，涂晓华，等，2012.和牛母牛超数排卵及胚胎移植试验研究效果初报[J].中国牛业科学，3（5）:12-14.

刘文生，张锁链，2007.日本和牛的引种扩繁及其杂交改良[J].中国畜禽种业，2（3）:72-74.

隆林各族自治县畜牧局，2003.隆林各族自治县畜牧局隆林六白猪调查报告[R].隆林各族自治县畜牧局.

隆林各族自治县畜牧局，2005.隆林猪，广西壮族自治区地方畜禽品种资源动态监测表[R].隆林各族自治县畜牧局.

隆林各族自治县地方志编纂委员会,1995.隆林各族自治县志[M].南宁:广西人民出版社.

隆林县编委办,1946.隆林县志稿[M].隆林各族自治县机构编制委员会.

陆川县水产畜牧局，2002.陆川猪品种资源调查工作总结[R].陆川县水产畜牧局.

陆川县志编辑委员会，1993.陆川县志[M].南宁:广西人民出版

社 .413-416.

陆燧伟，屈福书，樊煦和，1982. 隆林黑山羊是优良的地方品种 [J]. 广西农业科学（2）.

陆维和，1997. 广西本地黄牛与不同品种牛杂交后代的生产发育和增重 [C]. 南宁：广西壮族自治区畜牧研究所：27-39.

马月辉，周向梅，关伟军，等，2005. 用胶原酶消化法培养德保矮马耳缘组织成纤维细胞初探 [J]. 中国农业科学，38（6）:1282-1288.

梅楚刚，王炜康，昝林森，等，2018. 安格斯牛生长发育规律、行为学特征及理化指标分析 [J]. 家畜生态学报（11）:38-43.

孟令军，李洪军，2007. 我国地方猪种肌内脂肪和脂肪酸的研究 [J]. 肉类科学（4）:35-37.

莫明文，赵开斌，1999. 靖西市引进桂中花猪更换多代混杂母猪的效果 [J]. 广西畜牧兽医（2）:18-19.

南丹县畜牧水产局申报项目，2005. 南丹黄牛品种保护和开展利用项目建议书 [R]. 南丹县畜牧水产局 .

平果县畜牧水产局，2003 平果县桂中花猪调查报告 [R]. 平果县畜牧水产局 .

祁兴磊，茹宝瑞，刘太宇，等，2009. 河南省夏南牛地方标准（草案）[J]. 中国牛业科学（1）:86-88.

邱怀，2005. 现代乳牛学 [M]. 北京：中国农业出版社 :66-70.

权富生，辛亚平，张涌，等，2010. 国内外引进安格斯肉牛的利用现状 [J]. 中国牛业科学（6）:73-77.

全国畜禽遗传资源调查，2008. 涠洲黄牛品种调查报告 [R]. 广西壮族自治区水产畜牧局 .

全州县畜牧水产局，2003. 东山猪繁殖性能调查表 [R]. 全州县畜牧水产局 .

全州县畜牧水产局，2004 东山猪品种调查工作总结 [R]. 全州县畜牧水产局.

申学林，姚绍宽，张勤，等，2005.香猪的亲缘关系 [J].山地农业生物学报（5）:393-396.

施雪奎，杨章平，毛永江，等，2009.中国荷斯坦奶牛体况评分与产奶量和繁殖性能的相关性分析 [A].中国畜牧兽医学会第七届养牛学分会论文集.

孙玉江，踏娜，赛娜，等，2007.中国矮马遗传资源保护与利用研究 [J].黑龙江畜牧兽医（7）:14-16.

邰发红，陈福斌，张永东，等，2020.引进安格斯牛在肉牛生产中的应用 [J].中国牛业科学（1）:35-37.

谭丕绅，1996.高效益养山羊技术 [M].南宁：广西科学技术出版社.

汪翔，2016.娟姗牛杂交应用的回顾与展望 [J].中国乳业（12）:50-53.

王爱德，兰干球，郭亚芬，1995.巴马香猪耐热性的探讨 [J].家畜生态（4）:18-21.

王东劲，侯冠彧，王文强，2007.雷州山羊和隆林山羊遗传多样性的微卫星分析 [J].中国农学通报（12）:37-41.

王根林，2009.养牛学 [M].北京：中国农业出版社 :27-29.

王凯，2017.引进安格斯牛在新疆北部地区的适应性观察 [D].石河子：石河子大学.

王强，赵宗胜，廖和荣，等，2006.荷斯坦奶牛乳蛋白多态与产奶量和体尺的相关分析 [A].第十次全国畜禽遗传标记研讨会论文集.

王铁权，2012.果下马和迷你马 [M].全国马匹育种委员会矮马登记会编印.

韦炳耐，2018.努比亚黑山羊与隆林黑山羊杂交繁育的分析 [J].当代畜禽养殖业（4）.

吴梦霞，李天平，李石友，等，2017.云岭牛产业化发展现状及建议 [J].养殖与饲料（8）:103-104.

夏嘉，李建，2017.优良肉牛云岭牛特性及高档肉开发探讨 [J]. 中国畜禽种业（8）:90-93.

肖正，周晓情，梁金逢，等，2018.日本和牛与涠洲黄牛杂交牛生长及屠宰性能研究 [J]. 黑龙江畜牧兽医（8）:45-46.

谢栋光，丘立天，2003.陆川猪保种选育报告 [J]. 广西畜牧兽医（2）:76-78.

邢力，赵玉民，胡成华，等，2007.利木赞牛改良草原红牛效果的研究 [J]. 黑龙江畜牧兽医（11）：33-35.

杨炳壮，梁贤威，曾桂文，等，2006.广西波尔山羊胚胎移植试验研究初报 [J]. 广西畜牧兽医（6）:246-248.

杨炳壮，张秀芳，梁贤威，等，2006.广西波尔山羊胚胎移植试验研究初报 [J]. 广西水牛研究所（6）.

杨国荣，张勇，赵刚，等，2006.婆罗门牛及其改良云南黄牛的效果研究 [J]. 中国畜牧兽医，33（6）:54-55.

杨贤钦，1986-1995.西门塔尔牛改良广西本地黄牛效果报告 [C]. 广西壮族自治区畜牧研究所科技论文集:105-121.

杨贤钦，李铭，陆维和，2007.西门塔尔牛改良广西本地黄牛的效果 [J]. 广西畜牧兽医，24（4）:233-235.

杨贤钦.1997，西门塔尔改良广西黄牛效果的报告 [C]. 南宁：广西壮族自治区畜牧研究所，105-121.

杨彦红，张凤勇，2019.优良肉牛新品种:云岭牛 [J]. 农村百事通（4）:35-36.

姚瑞英，许镇凤，郭善康，1997.广西环江香猪血液生理生化指标的测定 [J]. 广西畜牧兽医（2）:9-12.

姚绍宽，张勤，孙飞舟，等，2006.利用微卫星标记分析 7 品种（类群）小型猪的遗传多样性 [J]. 遗传（4）:407-412.

云南省家畜家禽品种志编写委员，1987.云南省家畜家禽品种志 [M].

昆明：云南科技出版社，50-71.

咎林森，何凡，郝怀志，等，2008.利木赞牛改良陕北本地黄牛效果分析 [J]. 中国牛业科学（6）:27-29，46.

张效生，张金龙，李义海，等，2013.纯种和牛胚胎引进与繁育试验 [J]，黑龙江动物繁殖，21（1）:29-30.

张扬，李红波，张金山，等，2012.新疆褐牛种群资源调查研究 [J]. 中国牛业科学，38（1）:24-28，32.

赵开典，1998.热带优良肉牛品种—婆罗门牛 [J].24（6）:63.

赵霞，宾石玉，韦朝阳，等，2007.环江香猪断奶仔猪血液生理生化指标的测定 [J]. 湖南畜牧兽医（2）:8-9.

赵子贵，黄晨，宋少锐，等，2012.隆林山羊肌细胞生成素基因的序列分析与结构预测 [J]. 中国畜牧兽医，39（11）:17-21.

郑丕留，1985.中国家畜品种及其生态特征 [M]. 北京：农业出版社 .

中国家畜家禽品种志编委会，1986.中国猪品种志 [M]. 上海：上海科学技术出版社 .

中国家畜家禽品种志编委会，1989.中国畜禽品种志 [M]. 上海：上海科学技术出版社 .

中国马驴品种志编写组，1986.中国马驴品种志 [M]. 上海：上海科学技术出版社 .

农业部，2011.中国农业年鉴 [M]. 北京：中国农业出版社 .

中国羊品种志编写组，1988.中国羊品种志 [M]. 上海：上海科学技术出版社 .

周恒，曹艳红，朱江江，等，2016.隆林山羊 SCD 基因的克隆及序列分析 [J]. 黑龙江畜牧兽医（1）:80-83.

周靖航，李鹏，刘丽元，等，2017.新疆褐牛种质资源现状与群体遗传改良建议 [J]. 中国畜牧杂志，53（8）:38-43.

周俊华，何仁春，曾圣宏，2016.德保矮马遗传资源的保护与利用 [J].

现代农业科技（19）:263.

周向梅，马月辉，关伟军，等，2004.德保矮马耳缘组织成纤维细胞系的建立及其生物学特性研究 [C].中国畜牧兽医学会学术年会暨全国畜牧兽医青年科技工作者学术研讨会.

邹隆树，闫峻岩，杨贤钦，等，2004.广西奶业发展现状调查报告 [J].广西畜牧兽医，20（3）:104–106.